3-7세, 결정적 시기의 육아 코칭 메뉴얼

언니의 육아 레시피

3~7세, 결정적 시기의 육아 코칭 메뉴얼

언니의 육아 레시피

2016년 8월 1일 1판 1쇄 인쇄
2016년 8월 10일 1판 1쇄 발행

지은이 ㅣ 지소영
펴낸이 ㅣ 이병일
펴낸곳 ㅣ 더메이커
주　소 ㅣ 10521 경기도 고양시 덕양구 무원로 63 1009-305
전　화 ㅣ 031-973-8302
팩　스 ㅣ 0504-178-8302
이메일 ㅣ tmakerpub@hanmail.net
등　록 ㅣ 제 2015-000148호(2015년 7월 15일)

ISBN ㅣ 979-11-955949-6-2 (03590)
ⓒ 지소영, 2016

이 도서의 국립중앙도서관 출판예정도서목록(CIP)은 서지정보유통지원시스템 홈페이지
(http://seoji.nl.go.kr)와 국가자료공동목록시스템(http://www.nl.go.kr/kolisnet)에서
이용하실 수 있습니다.(CIP제어번호: CIP2016017652)

3~7세, 결정적 시기의 육아 코칭 메뉴얼

언니의 육아 레시피

더메이커

3~7세, 결정적 시기의 육아 코칭 메뉴얼

육아 관련 책을 아무리 읽어봐도, 또 아이들과 오랫동안 씨름해왔어도 여전히 육아는 어렵기만 하다. 수학 공식처럼 누구에게나 적용할 수 있는 육아 공식이 있으면 좋으련만, 아이들마다 개별적인 육아법이 필요하니 정말 곤란한 노릇이다.

하버드대학 심리학 교수인 하워드 가드너는 다중지능 이론을 통해 기존의 지능지수IQ로는 알 수 없는 아이들의 다양한 특성을 이해하고 계발하도록 도와주는 것이 중요하다고 말했다. 예를 들어, 여러 사람에게 집에서 학교까지 가는 길을 알려주고 스스로 찾아가게 한다고 가정해 보자. 공간지능이 발달한 사람은 머릿속에 그 길을 입체적으로 그려놓고 찾아가고, 논리수학지능이 발달한 사람은 이 골목에서 저 골목까지는 몇 미터라고 수치화시켜서 찾아가며, 언어지능이 발달한 사람은 주변에 있는 간판들을 외워서 찾아간다. 인간친화지능이 발달한 사람은 주변에 있는 사람들에게 물어서 찾아간다. 결국은 모두가 자신의 재능에 맞게 문제를 해결한다는 뜻이다. 이렇듯 아이들은 각자 다른 강점과 재능을 가지고 있다. 따라서 아이마다 상황에 맞는 해결책은 다를 수밖에 없다.

모두가 이상적으로 생각하는 단 하나의 육아법은 존재하지 않는다. 내 아이는 세상에 단 하나뿐인 존재이다. 그러니 옆집의 육아법이 좋아 보인다고 해서 그렇게 키울 필요도 없고, 남들이 다 하는 것이라고 해서 내 아이에게 적용할 필요는 더더욱 없다. 하지만 안타깝게도 그 사실을 깨닫기까지는 수많은 시행착오를 거쳐야만 한다.

나는 육아가 쉬운 줄 알았다. 시간이 지나 자연스럽게 어른이 되어가듯 그렇게 저절로 엄마가 되는 줄 알았다. 학교에서 육아에 필요한 이론도 배웠고, 수업 중에 만났던 많은 아이들이 성장하는 과정도 지켜보았기 때문에 육아에 나름 자신이 있었다.

처음 영아기 때는 그런대로 잘 지냈다. 모든 걸 아이에게 맞춰 생활하다 보니 아이는 크게 울 일도 없었다. 육체적으로는 힘들었지만 방긋방긋 웃어주는 아이 때문에 마냥 행복하기만 했다.

궁금한 것들은 소아과 선생님이 쓴 책을 백과사전 삼아 문제가 생겼을 때 참고해서 바로바로 해결할 수 있었다. 아이와 온전히 하루를 지내다 보니 요령도 조금씩 생겼다.

　하지만 육아에 대한 나의 자신감은 아이가 3살이 되었을 때부터 급속히 하락하기 시작했다. 아이의 떼쓰기는 늘어만 가고 예측하지 못한 일들이 불쑥불쑥 튀어나왔다. 문제의 답을 찾기 위해 육아 서적을 열심히 들여다보았지만 대부분의 육아 서적은 저자가 아이를 성공적으로 키운 경험담이나 이론 중심의 내용이 주를 이루고 있었다. 따라서 내가 맞닥트린 육아 현실과는 맞지 않거나 적용하기가 어려운 경우가 많았다.

　그나마 아이 때문에 매일 출근했던 놀이터에서 만난 또래 엄마들과 선배 맘들과의 정보 공유가 위안이 되었고 실질적인 도움이 되었다. 그때 나의 간절한 바람은 '내 옆에 언니가 있어서 문제가 생겼을 때나 궁금할 때마다 물어볼 수 있으면 얼마나 좋을까?', '나보다 조금 먼저 육아를 경험한 2~3년 선배 맘이 알려주는 노하우가 있으면 얼

마나 좋을까?', '지금 시기에 아이에게 꼭 필요한 내용이 한 권의 책
에 모두 들어있다면 얼마나 좋을까?'였다.

요즘은 육아 관련 책도 많고 궁금증에 바로 답을 줄 수 있는 통로
도 다양해졌다. 하지만 너무 많은 정보로 인해 선택의 어려움이 커진
것 또한 사실이다. 게다가 육아 현장에 곧바로 적용할 수 있는 책을
만나기란 여전히 쉽지 않다.

나는 지금도 3~7세의 아이들과 그들의 부모를 매주 만나고 있다.
그들을 보면 초보엄마 시절 발을 동동 구르며 걱정하고 고민하던 내
모습이 떠오른다. 이제는 내가 선배 맘, 옆에서 편안하게 조언해 줄
수 있는 언니가 되었다. 언니가 되어 조언을 하다 보니 좀 더 체계적
으로 정리할 필요를 느꼈다. 또 많은 초보엄마들이 그때의 나처럼 '언
니'의 존재를 간절히 바라고 있음을 느끼게 되었다. 그래서 후배 엄마
들이 궁금해 하는 내용을 한 권의 책으로 정리해 보았다.

이 책은 3~7세 아이를 둔 초보 엄마들이 꼭 알아야 할 육아의 기

본을 담고 있다. 아이들에게 3~7세의 시기는 매우 중요한 시기이다. 그래서 결정적 시기라고도 부른다. 또 이때는 하루하루가 성장이 다른 시기이므로 적절한 타이밍과 그에 맞는 적절한 방법을 찾는 것이 매우 중요하다. 따라서 이 책은 적절한 육아의 방법을 찾지 못해 어려움을 겪고 있는 초보 엄마들을 위해 시기별 적절한 양육의 태도와 방법을 친절하게 설명해 주는 데 초점을 맞추었다.

요즘은 요리와 관련된 방송 프로그램이 많다. 방송에서 설명한 대로 요리를 하다 보면 기본적인 요리법은 어떤 음식이나 비슷하다는 것을 알게 된다. 그런데 왜 여러 사람이 똑같은 요리법으로 요리를 해도 각기 다른 음식이 탄생하는 것일까? 그것은 그날의 재료에 나만의 독창적인 방법이 더해지기 때문이다. 이처럼 평범한 요리와 특색 있는 요리를 가르는 것은 아주 작은 팁 하나이다. 이 책에서도 그런 작은 팁들을 얻을 수 있을 것이다.

육아가 힘들고 어려운 것은 사실이지만 이 책에서 제시하는 언니의 레시피에 귀 기울인다면 좀 더 자신감을 갖고 아이를 대할 수 있을 거라 생각한다.

엄마만 아이를 키우는 것이 아니다. 아이도 엄마를 성장시킨다. 엄마와 아이는 서로를 성장시키는 귀한 인연이다. 이 책을 통해 엄마와 아이가 함께 성장해서 더 많은 선배 맘과 언니가 생겨나기를 소망한다.

2016. 6.
선배 맘 지소영 씀

차례

1장

육아에도 때가 있다,
타이밍 육아 코칭

아이의 성장발달에 초점을 맞춰보면 각 시기마다 공통적으로 발견할 수 있는 특징들이 보인다. 이와 같은 아이들의 '발달 특징'을 미리 알고 대비하면 그만큼 육아는 편해진다.

그러기 위해서는 내 아이의 현재를 파악하는 것이 우선이다. 그래야 아이의 발달 단계와 준비 정도에 맞춰 그 시기에 맞는 교육을 받게 하는 적기 교육이 가능해지기 때문이다.

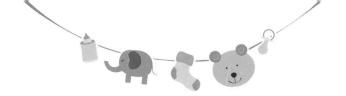

아이의 발달 특징을 알면
육아가 쉬워진다

육아, 준비한 만큼 보인다

　육아는 어렵다. 엄마 역시 어린 시절을 거쳐 어른이 됐지만 아이의 행동이 이해가 안 될 때가 많다. 갑자기 떼를 쓰며 울기 일쑤이고, 아무리 설명을 해줘도 못 알아듣고 고집을 부린다. 마음이 답답하고 화가 날 때가 하루에도 몇 번씩이다. 이렇게 하루 종일 아이와 씨름을 하다 보면 몸도 마음도 지친다. 그렇다고 아이가 엄마의 마음을 헤아려 행동하기를 바랄 수는 없다. 엄마가 아이의 처한 상황과 상태를 잘 헤아려 대처해야 한다.

아이의 성장발달에 초점을 맞춰보면 각 시기마다 공통적으로 발견할 수 있는 특징들이 보인다. 이와 같은 아이들의 '발달 특징'을 미리 알고 대비하면 그만큼 육아는 편해진다.

그러기 위해서는 내 아이의 현재를 파악하는 것이 우선이다. 그래야 아이의 발달 단계와 준비 정도에 맞춰 그 시기에 맞는 교육을 받게 하는 적기 교육이 가능해지기 때문이다.

적기 교육을 위한 이 시기 아동발달의 특징에 대해 알아보자.

혼자 할 수 있어요 – 자존감 최고!

3세부터 시작된 "내가 할 거야"라는 말은 4세가 되어도 계속된다. "왜?"라는 질문을 입에 달고 살아 부모를 당황하게 만들기도 하고, '내 컵', '내 가방' 등 자기 물건에 대한 소유개념이 생기면서 자신이 책임지는 것에 대한 관심을 갖기도 한다. 지적능력이 발달하면서 점차 논리적으로 생각하게 되고 기억력도 좋아진다.

또한 울음으로만 감정을 표현하던 영아기 때 행동에서 벗어나 점차 다른 사람의 감정과 자신의 감정을 구분할 수 있게 된다. 신체적으로는 균형 감각이 발달하여 걷는 속도가 성인과 비슷해지기 시작한다. 그리고 점점 손끝이 야무지게 발달하므로 밥 먹기, 세수하기, 옷 갈아입기, 신발신기 등을 누구의 도움 없이 혼자 처리할 수 있게 된다.

대부분의 아이들이 이 시기에 어린이집이나 유치원에 가기 때문에 이때부터 엄마들은 잠시나마 육아에서의 해방감을 맛본다. 하지만 두뇌발달의 80% 이상이 이 시기에 이루어지고 이후 성장의 튼튼한 디딤돌이 되는 시기이므로 가정에서의 적절한 교육이 꼭 필요하다.

이 시기의 아이들은 생활 속에서 일어나는 모든 일에 호기심과 궁금증을 가지고 다양한 관점에서의 생각도 가능해지지만 아직은 자기중심적인 면이 훨씬 강하다. 따라서 무조건 꾸짖거나 가르치려 하기보다는 매일 같은 행동을 반복하게 해서 습관으로 정착시켜 주는 것이 좋다.

심리사회적 발달이론가 에릭슨Erikson은 이 시기의 발달과제로 주도성 대 죄책감initiative vs guilt을 꼽았다. 주도성이란 아이가 자신과 주변 세상에 대해 책임감을 갖고 주인이 되어 이끌어 가려는 태도를 말한다.

즉 이 시기의 아이는 작은 일이라도 스스로 생각하고 결정해서 끝까지 해내어 성취감을 느끼는 일이 중요하다. 당연히 많은 실수를 하겠지만, 그 속에서 아이가 잘 해낸 것을 격려해주고 다음에 좀 더 발전할 수 있도록 도와주는 것이 중요하다. 이 시기를 잘 넘기면 목표를 추구하는 용기를 가진 책임감 있는 성인이 되지만, 반대의 경우 체념하고 의존적이며 목표를 달성하려는 의지가 없는 죄책감이 많은 어른이 될 수도 있다. 이 시기에 형성된 자존감이 험난한 세상을 살아갈 아주 든든한 힘이 되는 것이다.

인지 발달적 특징

인지발달 이론가 장 피아제Jean Piaget는 이 시기(3~7세)를 전조작기의 후반부에 해당된다고 말한다. 자유롭게 언어 사용이 가능해지면서 사물이나 사건을 기억하고 표현하는 능력을 갖게 된다. 하지만 조작능력에는 한계가 있어 직접적인 경험으로만 사물이나 사건을 이해하게 된다. 즉 눈에 보이는 것에만 초점을 맞춘다. 따라서 같은 컵의 물을 눈앞에서 폭이 좁은 모양의 컵으로 옮기면 단순하게 물이 더 많아졌다고 판단한다. 이러한 특징은 앞뒤상황을 판단하지 않고 당장 눈앞의 상황만을 요구하는 이른바 떼쓰기의 행동으로 나타나 부모를 힘들게 만든다.

대부분의 부모들은 아이들의 언어능력이 향상된 것을 보고 상황을 적절하게 설명하면 말귀를 알아들을 것이라고 생각한다. 하지만 절대 그렇지 않다. 아이들은 굉장히 자기중심적이기 때문이다. 아이에게 "엄마 생일선물로 뭐가 좋을까?"라고 물어보면 엄마가 좋아할 만한 것보다는 자신이 갖고 싶은 것을 말한다. 이는 아이가 이기적이어서가 아니라 엄마의 관심이 자신과 다를 수 있다는 것을 알지 못하기 때문이다.

또한 생명이 없는 대상에게 생명을 부여해 인형을 마치 살아 있는 것처럼 대하기도 한다. 보통 4세 이전에는 모든 사물은 살아있다고 생각한다. 4세 이후로는 움직이는 것은 살아있고 움직이지 않는 것은 죽었다고 생각한다. 이 시기의 아이들이 〈로보카 폴리〉라는 어린이 프로그램에 열광하는 이유는 자동차 폴리가 살아있다고 믿기 때문이다. 아이들은 8세 이후가 되어야 비로소 생물과 무생물의 개념을 파악하게 된다.

남자, 여자역할 구분하기

이 시기는 점점 많은 사람들을 만나 생활의 영역이 점차 넓어지는 시기이기도 하다. 친구들과 어울리며 자연스럽게 성 역할에 대한 구별의식이 생겨나 다른 사람이나 이성 앞에서 옷 벗는 것을 창피하게 생각하고 어른처럼 행동하며 어른들의 대화에 끼고 싶어 한다. 가족들의 신체 차이에 관심을 보이고 다른 성을 부러워하기도 하는 등 다양한 성적행동이 나타나기도 한다. 또한 이성의 몸에 대한 궁금증을 병원놀이나 침대놀이를 통해 해결해 보려는 등, 이 시기 아이들은 생각과 상상력이 풍부해 성과 관련된 질문이 더욱 구체적이고 많아진다.

3~4세에 자신이 여자인지 남자인지 확실히 깨달은 아이들은 이 시기가 되면 놀이를 통해 자신의 여성성 혹은 남성성을 실습하게 된다. 예를 들어 부모의 원만한 결혼 생활을 관찰하며 남아는 아버지를, 여아는 어머니를 닮기로 마음먹는다. 그리고 반복적인 놀이를 통해 여성으로서 혹은 남성으로서 자신의 모습을 부모님과 동일하게 만들어 가려고 노력한다. 남자아이는 남성다워지고 여자아이는 여성다워지는 것이다.

친구와의 놀이가 최대 과제!

피아제는 유아의 놀이경험이 인지발달에 지대한 영향을 미친다고 주장한다. 그는 "어린아이는 스스로 탐험하고 스스로 연구할 수 있어야 하며, 아이가 무언가를 이해하게 만들려면 스스로 그것을 구성하고 재발명하게 해야 한다."고 말한다. 아이에게 있어 세상은 온통 새롭고 신기한 놀이투성이며, 이 단계의 아이는 놀이와 배움을 구분하지 못한다. 아이들은 놀면서 자연스럽게 뭔가를 깨우치고 배워나가는 것이다.

아이들은 엄마놀이나 소풍놀이와 같은 상상놀이, 역할놀이를 통해 자신이 습득한 지식이나 경험을 재현하고 세상에 대한 불완전한 지식을 자신의 것으로 만들어 나간다. 그리고 역할놀이를 통해 타인에 대한 입장을 이해하고, 다양한 가상놀이를 통해 논리적 사고의 기초를 쌓는다. 이러한 역할놀이와 상상놀이는 좌뇌와 우뇌를 연결하는 뇌량[1]을 발달시킨다.

이후 만 6세가 되면 공동의 목표 아래 각자의 독자적인 역할이 있는 협동놀이를 즐긴다. 놀잇감을 서로 나누어 가지고 다음에 무엇을 할 것인지 서로 제안을 하기도 하는 등 상호작용을 하는 것이다. 이때 자신이 맡은 가상의 역할을 수행하는 과정에서 다른 아이들과의 조화를 이루며, 나아가 또래관계라고 하는 사회적 기술을 발달시킨다. 이런 놀이를 통해 자신의 욕구나 감정을 또래에게 적절히 드러내거나 참는 방법을 터득하게 되며, 또래 간의 갈등을 극복하는 기술을 알아간다. 또한 친구들과 함께하는 블록쌓기는 한 가지 일에 집중할 수 있는 집중력을, 주고받는 끝말잇기

---

1) 대뇌는 좌반구와 우반구로 구분되는데, 이 두 부분을 연결하는 것이 뇌량이다. 뇌량은 좌반구와 우반구의 정보를 교차적으로 연결하는 교량 역할을 한다.

는 규칙성 발견에 좋은 놀이이다.

　이처럼 아이들은 놀이를 통하여 사회성을 발달시킨다. 놀이를 통해 다른 사람을 이해하고, 사회집단 내에서 자신의 역할을 수행해나가며 그 과정에서 사회적 유능감이 길러진다. 생활이 놀이이고 놀이가 곧 교육임을 기억하자.

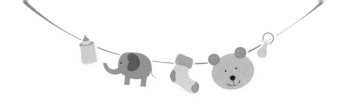

아이의 뇌 발달에 따른
육아 로드맵

3층으로 이루어진 인간 뇌의 구조

아이의 뇌는 어른의 그것과 다르다. 뇌의 발달이 한창 진행되고 있는 아이들에게 발달 단계와 맞지 않는 교육이 이뤄진다면 당연히 효과를 볼 수 없다. 따라서 이 시기 뇌 발달의 특징과 인간의 뇌 구조에 대해 먼저 이해해야 한다.

일반적으로 인간의 뇌는 크게 3개의 층으로 이루어져 있다고 알려져 있다.

첫 번째 부위인 1층은 뇌의 가장 밑바닥에 있는 뇌간으로 호흡과 혈압, 체온을 조절하고 심장 박동 등 생명을 유지하는데 필요한 기능을 담당한다. 때문에 '생명의 뇌'라고도 불리는데 생명을 관장하는 원초적인 뇌인 만큼 태어날 때 이미 완성 되어있다. 갓난아이가 태어나자마자 숨을 쉬고, 젖을 빨 수 있는 것은 이 때문이다. 이러한 기능은 파충류와도 같다. 그래서 이를 '파충류 뇌'라고도 부른다.

두 번째 부위인 2층은 변연계로, 모든 정보를 위아래로 전달해 주는 중간 정거장 역할을 한다. 이곳에는 편도체와 해마가 위치해 있다. 편도체는 주로 기쁨, 즐거움, 화, 슬픔 등의 감정과 의욕, 동기 등 정서지능을 담당한다. 해마는 낮에 일어난 기억을 장기기억으로 저장시키는 역할을 한다. 포유류는 대부분 변연계를 갖고 있다. 강아지가 주인이 오면 반가워 하고, 낯선 사람이 오면 놀라거나 흥분해서 으르렁거리며, 두려울 때는 꼬리를 내리고 움츠리기도 하는 등 다양한 감정을 나타내는 것은 변연계가 발달했기 때문이다. 파충류는 변연계가 발달하지 않아 감정 표현이 없다. 이러한 감정 표현은 포유류에서만 나타나는 행동이기에 변연계를 '감정 뇌', '포유류 뇌'라고도 부른다.

세 번째 부위인 3층은 대뇌피질로 가장 최근에 진화했으며 생각하고, 판단하고, 우선순위를 정하는 등 감정과 충동을 조절한다. 고도의 정신 기능과 창조 기능을 담당하고 있어 인간만이 가진 뇌이기에 '인간 뇌', '이성 뇌', '지(知)의 뇌'라고 부른다.

건물을 올라갈 때 1층을 거치지 않고 바로 2층, 3층으로 갈 수는 없다. 인간의 뇌도 마찬가지다. 1층의 생명유지에 필요한 기본적인 요건들이 충족될 때 2층의 감정을 조절하고 동기와 습관, 긍정적 사고 등 정서지능이 발달할 수 있으며, 이후 3층의 전두엽이 활성화되어 합리적이고 이성적인 판단이 가능해진다.

두뇌 발달 육아로드맵

뇌는 유아기에 80% 이상이 발달한다. 이 시기를 놓치지 않기 위해 아이들에게 한글, 영어, 수학 등을 배우게 하는 부모들이 많다. 그러나 이 시기의 뇌를 자극하는 가장 확실한 방법은 부모의 스킨십과 충분한 수면이다. 스킨십은 아이의 오감을 발달시키고 뇌 호르몬을 분비시켜 두뇌발달에 도움을 준다. 충분한 수면과 영양가 있는 음식 섭취는 시냅스를 형성하는 신경전달물질을 생성하는 데 필요하다.

시냅스는 신경세포들을 연결하는 부분인데 신경세포들은 이 시냅스를 통해 정보를 받게 된다. 보통 하나의 신경세포를 '뉴런'

이라 하고 뉴런은 1천여 개에서 1만 개 정도까지 되는 시냅스로부터 정보를 받는다.

시냅스는 정자와 난자가 자궁에서 수정된 후 7주째부터 생기기 시작해 4~5세가 되면 어른 시냅스의 두 배에 이른다. 하지만 이후 점차 줄기 시작해 16세 무렵엔 처음의 절반 수준으로 감소되어 그 수를 유지한다. 인간의 뇌가 효율적이고 빠른 정보 전달을 위해 잘 쓰는 시냅스는 늘리고 잘 쓰지 않는 시냅스는 과감히 지워버리기 때문이다. 따라서 뇌의 시냅스가 골고루 자극을 받아 전체적으로 발달하기 위해서는 다양한 자극이 필요하다. 지워져버린 시냅스의 기능을 되살리는 것은 무척 어려운 일이기 때문이다.

서울대학교 서유헌 교수에 의하면, 두뇌는 앞의 전두엽부터 두정엽, 측두엽을 지나 뒤의 후두엽까지 순차적으로 발달한다고 한다.

전두엽은 뇌에서 가장 넓은 부위로 동기부여를 통해 주의를 집중하게 하고, 계획을 세우거나 결심을 하는 등 목표 지향적인 행위를 주관하며, 창의력과 인성, 도덕성을 관장한다. 또한 감정 뇌, 본능 뇌를 제어한다.

두정엽은 외부로부터 오는 정보를 조합하는 곳으로 문자를 단어로 조합하여 의미가 있는 것으로 만들며 공간 인식과 과학, 수학을 담당한다.

측두엽은 청각조절중추가 있어 언어적 능력과 청각에 관련된 일을 한다.

후두엽은 시각중추가 있어 시각피질이라고도 부른다. 눈으로 들어온 정보를 이곳에서 모양이나 위치, 운동 상태 등으로 분석한다.

그렇다면 뇌의 발달 단계에 맞는 이 시기의 '적기교육'은 무엇일까?

창의력과 정서 발달이 중요한 시기

만 3~6세 아이의 뇌는 전두엽이 집중적으로 발달한다. 전두엽은 종합적인 사고와 창의력, 판단력, 감정을 조절하는 가장 중요한 부위이며 인간성, 도덕성 등의 기능을 담당하므로, 이 시기는 예절교육과 인성교육 등이 다양하게 이루어져야 한다.

전두엽은 동기부여를 통해 주의집중이 가능하게 하며, 창의적이고 구체적인 계획을 세워 실행하게 하고, 한 가지 사물을 여러 각도에서 보고, 느끼고, 생각하는 종합적인 사고를 하게 한다.

따라서 전두엽이 집중적으로 발달하는 만 3~6세 시기에는 2층에 있는 감정의 뇌를 조절해서 원초적인 감정을 통제하고 자신의 감정을 조절하는 것도 배우며 적절한 말과 행동으로 자신의 감정을 표현하는 것도 익혀야 한다. 이런 경험을 통해 예의 바르고 인성 좋으며 감정을 잘 조절할 수 있는 아이가 될 수 있다.

이 시기에는 창의력이 급격히 발달하므로 부모와의 대화를 늘려서 종합적으로 사고하고 문제를 해결할 수 있는 능력을 키워 주는 것이 좋다. 다양한 경험을 쌓고 여러 가지 생각을 해봐야 창의성이 발달하기 때문이다. 게다가 언어와 수학공부에 필요한 뇌인 두정엽과 측두엽은 만 6세 이후에야 발달하게 되므로 이 시기에는 단순 반복적인 암기 위주의 지식교육보다 다양한 창의적 교육과 인간으로 살아가는 데 필수적인 도덕성 및 인성교육, 자신의 감정을 잘 조절하고 통제하는 법을 가르치는 것이 무엇보다 중요하다.

"세살 버릇이 여든까지 간다."라는 옛말은 이렇듯 과학적인 근거를 갖는다. 인성교육은 유아 시기에 시작해야 제대로 된 인간성과 도덕성을 기를 수 있다.

이처럼 뇌는 발육 시기에 따라 서서히 부위별로 발달하기 때문에 뇌 발달 단계에 맞는 교육을 실시하는 것이 무엇보다도 중요하다.

신체 발달에 맞춘
타이밍 육아법

여러 가지 놀이와 다양한 운동이 필요하다

유아기에는 매년 평균 5~7센티미터가 자라고, 체중은 2~3킬로그램 증가한다. 유아기의 성장속도는 영아기에 비해 확실히 느려지긴 하지만 이전의 발달단계와 동일한 패턴을 따른다. 대체로 유아들의 성장속도는 계절에 따라 차이가 나는데, 신장은 봄에, 체중은 가을에 급속도로 는다. 성장해가며 신체의 비율도 달라져 유아기에는 팔과 다리가 가장 빨리 성장하는 반면 머리의 성장속도는 훨씬 느리다. 이는 2세에 이미 두뇌의 무게가 어른 크기의 75% 정도에 도달하기 때문이다. 그러므로 유아기가 되면 영아기에 보였던 배불뚝이의 모습이 사라지고 어른의 신체비율과 매우 비슷한 모습을 보인다.

만 3세에는 걷고, 뛰고, 발로 차기를 할 수 있으며, 두 발을 모아 20센티미터 정도 점프하기, 발 교대로 계단 오르기, 한 발로 균형 잡기, 큰 공 잡기, 능숙하게 자전거 페달 밟기 등이 가능해진다. 소근육도 발달하여 엄지손가락과 집게손가락으로 물건 집기, 가위로 선을 따라 오리기, 큰 구슬 꿰기, 블록을 이용한 탑 쌓기 등을 할 수 있다. 그러나 눈과 손의 협응을 요구하는 정교한 활동에는 쉽게 피로감을 느낀다.

만 4세는 대근육 운동능력이 더욱 향상되어 한 발로 뛰거나 5초 이상 한 발로 서 있을 수 있고, 발을 바꾸면서 계단을 내려올 수 있으며, 쉽게 구조물을 오르고, 평균대 위를 균형 잡고 걸어갈 수 있다. 그러므로 낮은 농구대, 뜀틀, 평균대 등을 제공해 주는 것이 좋다. 소근육 운동능력도 발달하여 가위질이 보다 정교해지고 점토로 형상 만들기가 가능하므로 손으로 조작하는 것을 즐거워한다. 이처럼 조작기능이 발달하여 작은 못 박기나 작은 구슬 꿰기가 가능하고, 용기에 물을 흘리지 않고 따를 수도 있다. 또한 다른 사람의 도움을 받지 않고 옷을 입고 벗기가 가능하고, 양치

질과 머리 빗기 등이 가능해진다.

만 5세에는 대근육과 소근육의 발달이 더욱 정교화되고, 두 발 자전거를 탈 수 있으며 줄넘기를 하기 시작한다. 또한 조작능력 이 발달하여 10~15개 조각의 퍼즐을 맞출 수 있고, 신발끈 매기, 지퍼 올리기, 단추 잠그기 등이 가능해진다.

따라서 신체 발달과 자신의 기술능력을 펼칠 수 있도록 다양한 운동을 권해주고, 두뇌와 소근육 발달을 위하여 여러 가지 놀이 를 제시해주는 것이 좋다. 이러한 과정을 통해 근육과 골격이 강 화되고 신경세포가 성숙한다. 그리고 큰 근육 운동과 미세한 근 육 운동 기술이 발달하게 된다.

소근육 운동기술의 발달단계를 확인하기 위한 가장 대표적인 예로 그림 그리기를 들 수 있다. 켈로그의 그림 그리기 기술 4단 계를 통해 현재 내 아이의 운동기술을 비교, 점검해보자.

켈로그R.kellog의 유아 그림 그리기 기술의 4단계

1단계(1세 반~ 2세) : 끼적거리기 단계 또는 낙서 단계

2단계(2세~3세) : 원, 삼각형, 정사각형 등 단순한 형태 단계

3단계(4세까지) : 무늬를 그리는 단계

4단계(5세~7세) : 실제 사물을 그리는 단계

우리아이 치아 건강

아이마다 차이는 있으나 일반적으로 생후 6개월부터 나기 시작한 유치는 3세 이전까지 20개가 모두 나온다. 치아는 유치와 영구치로 나눌 수 있는데 완성된 유치는 20개, 영구치는 32개이다.

유치는 나오는 연령보다 나오는 순서가 더 중요하다. 만약 아랫니보다 윗니가 먼저 나오게 되면 턱의 위치가 바뀌게 되고, 이로 인해 얼굴 아랫부분의 형태에 영향을 주게 되어 주걱턱이 되기 쉽다. 유치는 5~6세에서 13세 사이에 빠지게 되는데 대부분의 경우 유치가 빠지는 순서는 유치가 나던 순서를 따른다.

유치는 크기가 작고 조직이 연하며 뿌리도 작고 얇게 박혀 있어서 충치가 되기 쉬우므로 관리에 주의를 기울여야 한다. 아이가 성장하면서 영구치가 자라면 유치의 뿌리가 점차 녹기 시작하고 그 녹은 자리로 영구치가 조금씩 올라온다. 유치가 충분히 녹으면 영구치가 유치 바로 밑까지 올라오는데, 이때 유치가 많이 흔들린다.

따라서 유치는 영구치가 잘 나오게 하는 가이드와도 같다. 영구치가 충분히 올라올 때까지 그 자리를 지킴으로써 나중에 영구치가 나올 공간을 확보해주는 것이다. 그런데 그런 역할을 해줄 유치가 미리 빠지면 영구치가 갈 방향을 잃게 되므로 엉뚱한 위치로 나오거나 늦게 나오는 수가 있다. 또 영구치가 나올 시기가 아니므로 미리 빠진 유치의 양옆에 있는 치아가 기울어져서 나중에 영구치가 나올 공간이 없어지는 문제가 생기기도 한다.

이처럼 유치는 맡은 역할이 중요하므로 필요한 시간 동안 잘 유지되어야 한다. 따라서 유아기 때는 거즈 등으로 부드럽게 치아를 닦아주고 2~3세쯤부터는 직접 칫솔을 사용하도록 해주는 것이 좋다. 물론 칫솔질이 익숙해지는 초등학생 전까지는 부모가 도와주면서 확인해야 한다.

불소치약을 쓰는 것도 좋은 방법인데 먹어도 유해한 성분은 없지만 과량 섭취하는 것은 좋지 않으므로 치약을 삼키지 않도록 가르친다. 여러 연구에 따르면 적정량의 불소는 충치 예방에 뛰어난 효과가 있다고 한다. 불소는 치아 표면에 불소막을 형성해서 세균의 효소작용을 억제한다. 즉 불소는 치아가 입는 방탄조끼라 할 수 있으므로 불소치약을 쓰는 것이 좋다. 그리고 치과에서 정기적으로 불소를 발라주는 것도 매우 효과적이다.

충치에 민감한 아이들의 어금니 충치를 예방해주는 효과적인 방법으로 치아 홈 메우기(치면 열구 전색)가 있다. 이는 치아 윗면에 있는 골짜기와 같은 좁은 틈에 음식물이 정체되어 충치가 잘 생기므로 충치가 생기기 전에 치아 전용 특수 플라스틱재료(레진)로 막아주는 것이다. 흔히 치아를 코팅한다고 하는데, 정확히는 치아 윗면의 홈을 막아주는 것이다. 2009년 12월 1일부터 만 6세 이상 14세 이하 소아의 제1대구치(첫째 큰 간니 어금니) 4개의 치아 홈 메우기는 보험급여가 적용되고 있으니 잘 지켜본 후 적절하게 조치해주자.

언어 발달에 맞춘
타이밍 육아법

언어발달의 수수께끼

아이는 언어를 말하고 이해할 준비를 하고 세상에 태어난다. 언어구사를 위해 우리의 뇌가 만반의 준비를 갖추고 있다는 뜻이다. 하지만 어떤 언어를 배울 것인지 미리 정해진 것은 아니다. 태어나서 자신이 속한 문화권에서 쓰는 언어에 반복적이고 지속적으로 노출되다 보니 그 언어가 익숙해질 뿐이다.

8, 9개월쯤 시작되는 옹알이는 점점 자기 주변에서 들리는 말

소리와 닮아가며 태어난 후 1년이 지나면 100개의 단어를 알게 되고, 2세에는 약 200단어, 3세에는 900단어, 4세에는 1,600단어, 5세에는 2,500단어, 유아기 말에는 10,000단어 정도를 알게 된다. 이처럼 유아기의 언어발달은 기하급수적으로 빨라진다. 이는 유아의 인지능력 발달과 더불어 경험하는 내용이 다양해지기 때문이다. 5~6세가 되면 대부분의 아이들은 문법의 규칙을 알게 되고 5~10세 무렵에는 따로 익히지 않아도 미묘하고도 복잡한 문법적 기술까지 터득하게 된다.

하지만 이 시기 아이들이 말하는 순서는 실제 일어난 일의 순서와는 일치하지 않는다. 그리고 상대의 말에 관심이 없다. 서로 대화하고 있는 듯해도 각자 자기 말만 하는 자기중심적인 언어를 사용하는 것이다.

외설적인 말이나, 속어를 배우기도 하지만 그 의미는 알지 못한다. 따라서 나쁜 말을 사용할 때 부모가 크게 반응하며 관심을 보이는 것보다는 그냥 놔두는 것이 좋다. 관심을 보이지 않으면 시큰둥해서 지속하지 않게 된다.

그렇다면 아이들이 말을 배울 때 가장 중요한 것은 무엇일까?

미국 캘리포니아 주립대 로스앤젤레스 캠퍼스UCLA 보건대학원 프레드릭 지머맨Frederick J. Zimmerman 교수는 생후 2~48개월 아이들을 키우는 275가구를 대상으로 대화가 언어발달에 미치는 효과를 분석했다. 그 결과 아이들이 말을 배울 때 가장 중요한 것은 '상호소통'이었다. 어른이 일방적으로 말할 때보다 아이의 서투른 말을 들어주면서 대화할 때 교육 효과가 6배나 컸다. TV나 라디오와 같은 일방적으로 듣기만 하는 자극은 뇌 발달에 효과적이지 못하다. 상호작용이 없는 일방적인 듣기는 대뇌피질의 관심을 끌지 못해 저절로 폐기된다.

언어 발달의 감수성기에 언어적 환경의 질은 아이마다 다르다. 때문에 아이들의 언어 능력 및 뇌 발달은 이 시기에 언어적 상호작용을 얼마나 했느냐에 따라 결정된다. 아이의 언어 자극을 돕는 방법은 다음과 같다.

언어 자극을 돕는 6가지 대화법

끝임 없이 대화하라

아이의 언어 발달에 시너지를 일으키는 방법은 매우 단순하다. 그저 아이의 말에 귀 기울이고 끝임 없이 응대해주면 된다. 아기가 입 밖으로 내는 모든 소리에 부모가 적절히 반응하면 자연스럽게 언어를 터득하게 된다. 부모가 더 많은 말을 하고, 더 많은 어휘를 사용하며, 더 많은 예를 들수록 아이는 적절하게 표현하는 법과 문법에 맞게 문장을 만드는 법을 익힌다. 엄마로부터 얼마나 다양한 어휘를 들었느냐에 따라 아이들의 어휘지수는 비례하기 때문이다.

다양한 몸짓으로 대화하라

엄마 아빠가 하는 말을 쉽게 이해할 수 있도록 다양한 몸짓을 보여주는 것이 좋다. 몸짓과 함께 눈빛, 표정에도 신경을 쓰자. 몸짓이 이해력을 높이기 위한 것이라면, 눈빛과 표정은 표현력을 키우는 데 도움이 된다.

그림책으로 대화하라

아이가 조금 크면 책 안의 그림을 손가락으로 가리키며 "아이는 왜 슬퍼하는 걸까?", "다음은 어떻게 될까?" 등 줄거리와 연관되는 질문을 해보자. 이런 과정을 통해 아이는 이야기의 구조를 익힐 수 있다. 또 아이와 대화할 때는 동물의 이름이나 신체부위 등 친근하고 관심 있는 대상에 대해 이야기하는 것이 좀 더 효과적이다.

구체적인 문장으로 대화하라

아이가 옹알이를 할 때도 아이가 내는 소리를 그대로 따라 하기보다는 "응, 배고파? 맘마 먹을래?" 등의 구체적인 문장으로 응대하는 게 좋다. 아이가 "이거 줘"라고 말을 하면 "응, 엄마가 사과 줄까?"처럼 쉬운 말로 살을 붙여서 대답해준다.

귀 기울여 들으면서 대화하라

다양한 말소리를 들려주면 아이는 낯선 사람이 말하는 것과 낯선 억양을 좀 더 쉽게 이해할 수 있고 어휘력도 풍부해진다. 그러므로 아이를 데리고 다니면서 다른 사람들과 나누는 대화를 듣게 해주는 것이 좋다. 예를 들어, 병원에 가서 의사와 이야기를 할 때 엄마만 아이에 대해 말하지 말고 아이가 직접 어디가 아픈지 의사 선생님께 말해보게 하는 것이다.

직접 경험하며 대화하라

책을 읽어주고 그림을 보여주는 간접 경험도 중요하지만 동물원에 가서 동물을 만나고, 놀이공원에 가서 장난감 자동차를 타는 등 직접 경험 또한 중요하다. 이는 어휘력을 늘리는 가장 좋은 방법이다.

아들, 느긋하게 기다려라

체험학습장을 자주 간다

가만히 앉아서 무언가를 배우는 것이 불가능한 시기로 직접 체험해볼 수 있는 기회를 많이 만들어주자. 아이를 안고 앉아서 숫자를 가르치고 한글을 가르치기보다는 직접 만져보고 타보면서 사물을 배워가는 것이 좋다. 동물원, 놀이동산, 박물관 등 체험학습장을 자주 찾는다.

한글 떼기는 취학 직전에 한다

남자아이의 두뇌 발달상 이 시기에 한글을 떼는 것은 무리다. 더군다나 쓰기까지 완벽하게 떼려고 하는 것은 과욕이다. 최대한 느긋한 마음으로 취학 전 6개월~1년 정도부터 서서히 시작해보는 것이 바람직하다.

블록이나 퍼즐 등 소근육 놀이를 한다

여자아이들이 좋아하는 인형놀이, 소꿉장난 등은 소근육 발달에 좋다. 반면에 남자아이들의 놀이는 대부분 굴리고 밟고 타는 등 대근육을 이용한 것들이 많다. 그래서 소근육을 이용하는 쓰기나 그리기에서 여자아이들보다 서투를 수밖에 없다. 따라서 아이가 호기심을 보이는 블록이나 퍼즐 등을 준비해 소근육을 발달시킬 수 있는 놀이들을 할 수 있도록 유도한다.

간단하게 혼내고 바로 타임아웃 방법을 활용한다

아이가 잘못했을 때는 되도록 짧게 혼내고 타임아웃* 방법을 활용하는 것이 좋다. 자아존중감이 한창 발달하고 있는 때이므로 길게 혼내는 것은 좋지 않다. 더군다나 남자아이는 귀로 들리는 것에 별로 집중하지 않아 아무리 좋은 훈계도 잔소리가 되기 쉽다.

* 타임아웃 : 제한된 시간이나 공간에서 혼자 앉거나 서서 스스로 잘못을 생각하고 개선할 기회를 주는 훈육방법으로 '생각의자'로 알려져 있다.

딸, 당당한 리더로 키워라

한글에 관심이 있다면 가르쳐도 좋다

여자아이는 모방하는 행동을 즐긴다. 그러다 보니 낙서도 더 많이 하고 그림 그리기도 더 많이 한다. 부모가 책을 읽는 것처럼 책을 들고 읽고, 글씨를 쓰는 척하기도 한다. 만약 한글에 관심을 보인다면 놀이처럼 아이가 원하는 만큼 가르친다.

아이를 맡길 때는 충분히 설명해준다

여자아이는 일찍부터 감정이입이 가능한 만큼 아이의 감정을 최대한 존중해주어야 한다. 단순히 이래야 한다, 저래야 한다는 식의 통보보다는 시간이 좀 들더라도 아이가 충분히 이해할 수 있도록 설명해준다.

다양한 색감을 접하는 환경이 필요하다

남자아이들이 '움직이는 것'에 시선을 뺏긴다면 여자아이들은 '밝고 화려한 색'에 시선을 뺏긴다. 그리고 이런 색감의 자극은 아이의 뇌 발달에도 좋은 영향을 줄 수 있다. 따라서 여자아이의 환경은 따뜻하고 밝고 다양한 색감을 느낄 수 있도록 준비해주는 것이 좋다.

엄하게 혼내되 감정에 호소한다

여자아이라면 입장 바꿔 생각해보게 하는 것이 가장 효과적이다. "친구가 너를 때렸다면 너는 기분이 어땠겠니?"라고 그 친구의 기분을 생각해보게 한다. 하지만 잘못된 행동에 대해서는 단호하고 엄하게 혼을 내야 한다. 이는 크고 무서운 목소리와는 다르다. 만약 말로 혼내는 것이 안 된다면 타임아웃 방법을 적용한다.

2장

내 아이의 미래를 결정하는

정서발달 코칭

한번 시기를 놓치면 다시 돌이키기 어려운 농사처럼 아이를 사람다운 사람으로 잘 성장시키는 것도 시기를 놓쳐서는 안 된다. 문용린 교수는 "도덕성 교육에 가장 적절한 시기는 열 살 이전"이라고 주장하며 그 시기를 놓치면 아무리 후회해 봐야 소용이 없다고 강조한다.

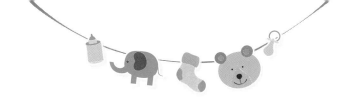

아이의 자기조절력과
마시멜로 이야기

감정과 행동을 조절하는 정서지능

지금 하고 있는 일이 너무 재미있지만 필요할 때 그 일을 딱 그만둘 수 있는 힘, 현재 하고 있는 일이 너무 지루하지만 그것을 계속할 수 있는 힘, 이것이 자기 조절력이다. 이는 무조건 참기만 하는 것이 아니라 자기의 감정과 행동을 적절하게 조절해서 사회적 상황에 맞게 잘 표현하는 정서지능이라 할 수 있다.

이 정서지능은 두 가지로 나눌 수 있다. 첫째, 감정을 조절하는 능력이다. 이는 분노와 같은 부정적 감정을 무작정 표출하는 것이 아니라, 감정을 스스로 인식하고 사회적 상황에 알맞게 표현할 수 있는 능력을 말한다. 둘째, 행동을 조절하는 능력이다. 화가 난다고 친구에게 욕을 하거나 때리지 않고, 사회적 상황에 맞게 행동하는 것이다.

참을성과 자제력이 학업성적과 사회적 성공에 영향을 미친다

1966년 스텐포드 대학의 심리학자 월터 미셸W.Mischel이 4세 어린이 614명을 대상으로 마시멜로 실험을 실시했다. 이는 유아들을 대상으로 한 '즉각적 유혹을 견디는 학습'에 대한 연구였다.

유치원 선생님이 아이를 한 번에 한 명씩 방으로 데리고 들어가 마시멜로 사탕이 하나 있는 접시를 보여주며 언제든 원할 때 마시멜로를 먹을 수는 있지만, 선생님이 15분 후 돌아올 때까지 먹지 않으면 마시멜로를 하나 더 얻을 수 있다고 알려주었다. 어떤 아이들은 선생님이 나가기가 무섭게 그 자리에서 마시멜로를 먹어버렸다. 어떤 아이들은 먹지 않으려고 나름 애썼지만 결국 참지 못하고 먹어버렸다. 또 어떤 아이들은 15분을 고스란히 기다려 마시멜로를 하나 더 받았다.

약간의 개인차는 존재하지만 네다섯 살 남짓의 아이들은 간식을 먹기 전 평균 9분을 기다릴 수 있었다. 하지만 미셸 연구팀은 실험이 있은 지 한참 시간이 흐른 뒤에야 생각하지 못했던 새로운 사실을 발견했다.

미셸의 딸은 연구가 있었던 당시 실험을 수행했던 유치원에 다니고 있었다. 실험이 끝나고 연구결과를 정리한 뒤에도 그는 딸아이에게서 주변 친구들의 이야기를 꾸준히 듣고 있었는데, 마시멜로 실험에서 기다리지 못하고 바로 마시멜로를 먹었던 친구들이 학교 안팎에서 더 많은 문제를 일으키는 경향이 있다는 사실을 발견했다. 미셸은 이런 사실에 일정한 패턴이 있는지 알아보기 위해 다시 연구에 착수했고, 15년이라는 긴 시간에 걸친 종단연구로 마시멜로 실험을 비로소 정리할 수 있었다.

네 살 무렵의 아이가 달콤한 마시멜로를 눈앞에 두고 먹지 않고 기다린다는 것은 분명 보통의 의지로는 쉽지 않은 일이었을 것이다. 종단연구 결과에서는, 최대한의 의지력을 발휘해 15분이라는 시간을 기다린 아이들이 그렇지 않았던 아이들에 비해 미국 대학수학능력시험SAT에서 210점이나 더 높은 점수를 받았고, 친구나 선생님들에게 인기 있는 사람으로 성장해 사회성이나 대인관계가 좋았던 것으로 나타났다고 연구팀은 전했다. 이에 연구자들은 어렸을 때의 참을성과 자제력이 학업성적과 사회적 성공에 영향을 미친다고 결론지었다. 기다릴 수 있는 힘, 인내력, 자기통제력이 있는 사람이 성공한 삶을 산다는 것이다. 그렇다면 "될성부른 나무는 떡잎부터 알아본다."는 옛말처럼 어릴 때의 자기 조절력은 타고나는 것일까?

자제력을 기르는 방법을 알려줘라

1989년 두 번째 마시멜로 실험이 진행되었다. 다른 조건들은 첫 번째 실험과 모두 동일하게 한 뒤, 마시멜로를 테이블 위에 그대로 올려두는 경우와 보이지 않게 덮개로 덮어두는 경우로 나누었다. 또 기다리는 동안 재미있는 생각을 하고 있으라고 지시받는 경우와 나중에 받을 두 개의 마시멜로를 생각하고 있으라고 지시받는 경우로 나누었다.

이는 1960년대에 처음 실시했던 마시멜로 실험에서 아이들이 참고 기다리는 동안에 하던 여러 가지 행동에서 착안한 것이다. 실험을 할 때 어떤 아이들은 눈을 가리거나 머리를 팔에 대고 엎드려 있었다. 어떤 아이들은 식탁에서 등을 돌렸고, 노래를 부르거나, 손장난을 치거나, 시간이 빨리 지나가도록 하려고 잠을 청하기도 했다. 식탁 밑으로 기어들어가는 아이도 있었다.

　이를 보고 연구팀은 아이들이 15분이라는 시간을 참을 수 있었던 것은 타고난 의지력과 통제력이 발휘된 덕분이 아니라 절제를 위한 전략을 잘 세운 덕분이라고 생각하였다. 다시 말해, 주위를 분산시키거나, 다른 것에 집중하거나, 애써 외면해야 하는 노력이 필요하다는 것을 '아느냐', '모르느냐'에 따라, 혹은 '터득했느냐', '그렇지 않느냐'에 따라 결과가 달라질 수 있다고 생각한 것이다.

　2차 실험의 결과는 다음과 같다. 마시멜로를 그대로 올려둔 조건에서는 평균 6분 정도를 기다렸지만, 덮개로 덮어두자 11분이 넘는 시간을 기다렸다. 게다가 재미있는 생각을 하고 있으라고 지시받은 아이들은 평균 13분 정도를 기다릴 수 있었고, 기다린 다음에 받게 될 두 개의 마시멜로를 생각하라고 지시받은 아이들은 4분이 채 되지 않은 시간 내에 마시멜로를 먹어버렸다.

　연구팀은 아이들이 15분의 시간을 버티지 못한 것은 유혹을 멀리하는 전략을 몰랐기 때문이라고 판단했다. 두 번째 마시멜로 실험은 어릴 때부터 스스로 마음을 통제할 수 있으려면 경험을 통한 교육이 필요하다는 것을 말해주고 있다. 이처럼 절제력과 통제력은 어린 시절의 훈련을 통해 기를 수 있는 인간의 '능력'이자 '강점'인 것이다.

아이들에게 신뢰환경을 제공하라

미국 로체스터대학의 인지과학자인 키드C.Kidd의 연구팀은 세 번째 마시멜로 실험을 진행하고 그 결과를 2013년에 발표했다.

연구팀은 3살에서 5살 사이의 아이들 28명에게 컵을 예쁘게 꾸미는 미술 작업을 할 것이라 설명하고 크레용이 놓여 있는 책상에 앉게 했다. 그리고 잠시 후에 색종이와 찰흙을 줄 테니 기다리라고 했다. 몇 분 후 14명의 아이에게는 색종이와 찰흙을 주고, 나머지 14명의 아이들에게는 재료가 있는 줄 알았는데 없다고 사과하며 재료를 주지 않았다. 크레파스 이외의 미술 재료를 받은 아이들은 신뢰환경을 경험한 아이들이 되도록, 받지 못한 아이들은 비신뢰환경을 경험한 아이들이 되도록 실험을 조작한 것이다.

이 두 그룹의 아이들에게 고전적인 마시멜로 실험을 실시했다. 그 결과 신뢰환경을 경험했던 아이들은 평균 12분을 기다렸고, 14명의 아이들 중 9명은 끝까지 마시멜로를 먹지 않고 기다렸다. 반면 비신뢰환경을 경험한 아이들은 평균 3분을 기다렸고, 15분까지 기다린 아이는 단 한 명뿐이었다.

세 번째 연구자들은 아이들의 자제력이나 참을성은 어른이 만드는 신뢰에 달려 있다는 것을 밝혀냈다. 즉 인내력, 절제력, 통제력이 있는 아이 뒤에는 그러한 능력을 발휘할 수 있도록 도와준 어른이 있다는 것이다. 이처럼 자기절제 능력은 부모와 주변 어른들이 어떻게 양육하는가에 따라 부족해질 수도, 더 길러질 수도 있는 능력이다.

자기조절력은 3~6세 사이에 완성된다

이시형 박사는 《아이의 자기조절력》에서 자기조절력은 3~6세에 완성된다고 말한다. 3세까지 조절에 필요한 기본적인 신경연결망이 완성된 후 6세까지, 또 사춘기 재성장기까지 지속적인 사회성 훈련이 되어야 유연성 있는 통제력이 길러진다는 것이다.

지성과 감성의 통로이며 균형 중추인 OFC(안와전두피질)가 제대로 발달하기 위해서는 크게 두 가지 조건이 필요하다. 하나는 엄마와의 애착과 신뢰감 형성, 또 하나는 애착과 신뢰감을 바탕으로 한 적절한 통제와 제한이다. 첫 번째 조건인 애착과 신뢰 관계가 잘 형성된 경우라 해도 두 번째 조건이 충족되지 않으면 자기감정 조절 능력의 발달을 기대하기 어렵다. 자신의 욕구가 늘 100% 충족되는 환경에서는 아이들이 참고 기다리며 억제해야 할 필요성을 느끼지 못하기 때문이다. 억제 자극이 주어지지 않으니 억제 회로가 생겨날 리 만무하다.

많은 아이들을 만나면서 때때로 그 아이의 엄마가 궁금해지는 경우가 있다. 바로 자기조절력이 좋은 아이를 만날 때이다. 50분의 긴 시간 동안 꼬물거리면서도 자리를 지키고, 장난치기 좋아하지만 수업시간에 딴 짓하지 않기 위해 애쓰며, 자기 실력보다 어려운 문제가 제시되었을 때 친구의 답을 보려하지 않고 스스로 해결하는 아이는 자기조절력이 좋은 아이다. 이런 아이들은 시작은 좀 늦더라도 한 학기가 끝나갈 때쯤에는 놀라운 성장을 보인다. 이러한 아이의 엄마는 언제나 수업시간에 늦지 않게 신경 쓰며 준비물을 잘 챙겨준다. 또 요란한 애정표현보다는 묵묵히 뒤에서 지켜보며 신뢰를 보내는 경우가 많다.

자기조절력이 좋은 아이들은 학교에 잘 적응하고 공감 능력이 높아 또래 사이에서 인기도 좋다. 또 자신감이 높고 학업성취도가 높은 경우가 많으며, 친구들과 원만한 인간관계를 맺고 리더십을 발휘하기도 한다.

아이를 키운다는 것은 아이의 자기감정 통제력을 키워주는 일과 같다고 말할 수 있다. 6세까지 사회성 및 올바른 생활습관이 제대로 길러져야 자기통제력이 발달한다. 통제력 발달은 시기가 빠를수록 좋으며 통제력 발달을 위해서는 애착과 신뢰 형성이 전제가 되어야 한다. 이를 바탕으로 적절한 제지가 함께 있어야 한다는 것 또한 잊지 말자.

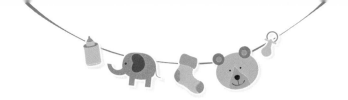

아이의 자존감 발달에도
결정적 시기가 있다

자존감 발달의 결정적 시기

긍정 심리학의 연구에 따르면 자존감과 행복의 상관계수는 0.6 이상으로 아주 높은 편이다. 상관계수는 인과관계가 아니므로 자존감이 높을수록 행복할 가능성이, 또는 행복할수록 자존감이 높을 가능성이 있다고 해석할 수 있다. 자존감이 행복을 결정하는 유일한 요소는 아니지만 주요한 요소인 것은 분명하다.

자존감Self-Esteem을 한자로 풀어보면 스스로 자(自), 높을 존(尊), 느낄 감(感), 즉 '스스로를 높이려는 마음'이다.

자존감은 태어나서 죽을 때까지 겪게 되는 크고 작은 경험과 그 결과에 대한 주변 사람들의 반응, 개인적 평가 및 해석 등에 따라 높아지기도 하고 낮아지기도 한다. 하지만 자존감의 발달에는 결정적 시기가 있고 이 결정적 시기 이후에는 안정적인 상태에서 다소의 변화만 있을 뿐이다. 이러한 결정적인 시기를 만 5~8세로 보고 있다.

이 시기에 높은 자존감을 형성하게 되면 이후 성장 과정에서 부정적인 피드백을 받더라도 기존의 자존감을 유지하면서 자기 가치의 감정을 보호하거나 신속하게 회복하고, 능력을 높이기 위한 현실적인 행동을 하게 된다. 반대로 이 시기에 자존감이 낮게 형성될 경우 부정적 피드백을 받게 되면 자기평가는 더 부정적이 되고 자기 가치의 감정은 쉽게 추락하게 된다. 그래서 많은 학자들이 초등 저학년 이전 시기의 자존감 교육을 특히 강조한다.

5세 이후에 자존감이 형성된다 하더라도 그 토대는 5세 이전의 경험에서 나오는 것이기 때문에 영아기 경험 또한 매우 중요하다. 또 8세 이후 자존감이 안정적으로 나타난다 하더라도 그 이후 환경과 어떤 상호작용을 하느냐에 따라 자존감은 변화하기 때문에 이후의 발달 단계도 간과해서는 안 된다.

아이의 자존감을 키우기 위한 첫 번째 단계는 유아기의 안정적인 애착형성에 있다. 자신이 보호받고 있다는 안정감과 이를 통한 부모와의 애착이 잘 형성되면 긍정적이고 안정적인 정서를 갖게 되고, 이는 세상에 대한 신뢰, 자신에 대한 긍정적인 이미지로 연결된다.

걸음마를 떼고 말을 배우기 시작하면서부터 아이는 매우 높은 수준의 자율성과 주도성을 갖게 된다. 자기 몸을 자유롭게 움직이고 조절하면서 유능감과 성취감을 느끼는 것이다. 이 시기에는 자신과 세상에 대한 구분이 명확해지므로 나와 남, 내 것과 남의 것에 대한 경계도 분명해진다. 그래서 "내가 할 거야", "내 거야"라는 소리를 입에 달고 다니며 자기 힘을 과시하기도 한다. 이때 가장 필요한 양육태도는 아이의 자율성을 최대한 존중해주되, 되는 것과 안 되는 것의 경계를 명확히 가르쳐주는 것이다. 무조건적 허용은 자율성의 박탈만큼이나 위험하다.

만 3~6세 시기에는 다양한 경험으로 주도성을 길러줘야 한다. 여러 가지 상황 속에서 '내가 해낼 수 있다.', '내가 이만큼 해냈구나.'라는 생각을 갖게 하는 것이다. 하지만 이때 엄마가 아이의 의견을 묻지도 않고 아이가 입을 옷이나 읽을 책, 장난감 등을 직접 정해준다면 아이는 자율성과 주도성을 잃게 되어 자존감 형성에 치명적인 독이 될 수 있다.

유치원에 처음 가게 될 때 엄마와 떨어지지 않으려고 울면서 떼를 쓰는 아이라면 엄마와의 애착이 잘 형성되지 않아 자존감이 낮은 아이일 가능성이 많다. '엄마가 나를 데리러 오지 않을 수도 있다'고 의심하는 것이다.

아이는 여러 상황에서 주도성을 발휘하면서 내 인생의 주인공이 나라는 생각을 갖게 된다. 아이가 지닌 무한한 가능성에 대한 믿음을 바탕으로 긍정적인 피드백과 격려, 진심이 담긴 공감, 아이의 선택을 존중하는 마음을 보이는 것이 중요하다. 그러면 아이는 현실을 객관적으로 파악하고, 중요한 상황에서도 자신의 판단에 망설이지 않으며, 구성원들과 서로 협력하는 성공적인 리더로 자라날 수 있다. 그 시작은 높은 자존감임을 잊지 말자.

자존감은 작은 성공 경험의 집합체

사람들에게 다음 과제 중 하나를 선택하게 한다면 몇 번을 선택할까?

1. 너무 쉬워 누구나 성공할 수 있지만 보상이 매우 적은 과제
2. 노력하면 성공할 수 있지만 보상은 중간 정도인 과제
3. 성공이 어렵지만 성공하면 큰 보상을 얻을 수 있는 과제

자존감이 높은 사람은 몇 번을 선택했을까? 이명경 교수의《자

존감 교육》에서는 자존감이 높은 사람은 3번을 선택할 것 같지만, 사실은 2번을 선택한다고 한다. 오히려 자존감이 낮은 사람이 3번을 더 많이 선택한다고 한다. 왜냐하면 성공하기 어려운 과제는 만약 실패하더라도 '내가 못나서 실패한 것이 아니라 누구나 실패할 수밖에 없는 어려운 과제'라는 핑계를 댈 수 있기 때문이다.

자존감이 낮은 사람은 또한 1번처럼 보상이 적더라도 실패 가능성이 적은 과제도 선호한다. 실패의 가능성이 가장 적은 과제를 선택해서 상처를 덜 받기 위함이다. 그 대신 성공을 통한 기쁨도 크게 느끼지 못하기 때문에 자존감이 높아지지 않는 악순환이 계속 된다.

자존감은 현재의 자기에 대한 지각Perceived self과 이상적인 자기Ideal self 간의 차이에 근거해서 만들어진다. '현재 내가 얼마나 괜찮은 사람인가?'와 '내가 이상적으로 생각하는 괜찮은 사람이란 어떤 사람인가?'에 의해 자기에 대한 평가가 달라지는 것이다. 자존감이 높은 사람은 현재의 자신에 대한 평가가 후하거나, 이상적으로 생각하는 자신에 대한 기대가 낮은 사람이다.

소아정신과 전문의 서천석 선생님은 "자존감이 높아지려면 목표를 적절하게 세워야 하고, 작은 성공들이 쌓여가야 한다."고 말한다. 대부분의 부모들은 아이들이 자기 옷을 깔끔하게 정리해주기를 바란다. 하지만 아이들이 옷을 제대로 정리하지 못 하는 것은 자연스런 일이다. 그런데 부모들은 아이가 '옷을 벗어 옷걸이에 걸기' 같은 너무 높은 목표를 제시한다. 과제 달성에 실패한 아이의 자존감은 낮아질 수밖에 없을 것이다.

그럼 어떻게 하는 것이 아이들의 자존감을 높여주는 옳은 방법일까?

처음에는 방을 정해주고 그곳에서만 옷을 벗도록 한다. "슬기야, 학교 다녀오면 작은 방에 들어가서 옷을 벗는 거야." 이 목표는 이루기 쉬우므로 금방 적응할 것이다.

아이가 작은 방에서 옷을 벗는 훈련이 되면, 그 다음엔 방에 테이프를 붙여 작은 공간을 만든다. 그리고 "슬기야. 이제는 테이프로 붙인 여기에서만 옷을 벗는 거야"라고 말한다. 일단 방에서 옷을 벗어본 아이라면, 테이프로 정해진 공간에서 옷 벗는 것이 어렵지 않다.

그것에 익숙해진 뒤에는 바구니를 가져다 놓는다. 그리고 "슬기야, 이젠 옷을 벗어서 바구니 안에 넣어보는 거야."라고 말한다. 이런 방식으로 목표를 차근차근 설정하면, 나중에는 옷을 잘 걸어놓는 아이가 될 것이다. 이처럼 작은 성공을 쌓게 하면 자존감을 높일 수 있다.

자존감에 있어 또 하나 중요한 것은 부모로부터 받는 피드백이다. 이것은 평생 반복되는 원형적인 평가가 된다. 서천석 선생님은 "누구나 인생에서 실패와 좌절을 겪는데, 좋은 부모를 둔 아이들은 그 순간에 부모들이 자신에게 한 긍정적 말들을 떠올리며 견뎌낸다."며 "아이들에게 가장 큰 선물은 그냥 믿어주는 것"이라고 말한다. 아이가 잘될 근거를 가지고 믿는 것은 진정으로 믿는 것이 아니다. 서천석 선생님은 "앙상하고 메마른 겨울나무를 보면서도 '꽃이 필거야.'라고 믿는 마음이 부모의 마음"이라고 강조한다. 아이들의 눈을 보면서 "아빠는 널 믿어", "엄마는 네가 지금은 실패했어도 나중엔 결국 잘할 거라고 믿어."라고 말해보자. 그런 눈빛과 마음은 아이들에게 다 전달된다.

내 아이의 자존감을 높이는 부모의 말에는 어떤 것이 있을까?

"네가 엄마 아빠 딸(아들)이어서 정말 고맙다."
"네가 웃기만 해도 세상이 다 환해지는 것 같아."
"못해도 괜찮아, 틀려도 괜찮아."
"네가 노력했다는 것만으로도 엄마 아빠는 얼마나 기쁜지 몰라."
"엄마 아빠를 도와주다니, 너는 천사가 분명해."
"엄마 아빠 주변에 너를 칭찬하는 사람들이 참 많구나."
"엄마 아빠가 항상 뒤에서 너를 지켜줄 거야."
"네가 행복하면 엄마 아빠도 행복해."

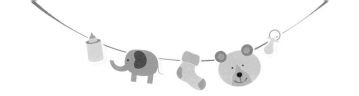

도덕성 교육에도
적당한 때가 있다

도덕성이란 무엇일까?

농사를 지을 때 정말 놓쳐서는 안 되는 시기가 있다. 바로 씨를 뿌리는 시기이다. 농부가 씨를 뿌리는 기간은 1년 중 기껏 일주일 정도인데, 그 기간이 지난 후 씨를 뿌리면 농부가 아무리 정성껏 키워도 좋은 열매를 맺지 못한다. 열매를 맺을 수 있도록 충분한 양분을 공급해도 식물을 든든하게 받쳐주는 뿌리가 튼실하지 못하기 때문이다. 한번 시기를 놓치면 다시 돌이키기 어려운 농사처럼 아이를 사람다운 사람으로 잘 성장시키는 것도 시기를 놓쳐서는 안 된다.

문용린 교수는 "도덕성 교육에 가장 적절한 시기는 열 살 이전"이라고 주장하며 그 시기를 놓치면 아무리 후회해 봐야 소용이 없다고 강조한다. 또한, "이런 '사람다운 사람'을 위한 교육은 빠르면 빠를수록 좋다"고 덧붙인다.

뇌에서 도덕적인 추론능력, 즉 사람다운 행동을 하게 만드는 일은 전두엽에서 담당하는데 만약 어릴 때 전두엽이 제대로 성장하지 못하면 사회적으로 용납이 안 되는 행동이라도 서슴지 않고 저지르기 쉽다. 충동 조절이 안 돼 원하는 것이 있으면 법을 어기는 것뿐만 아니라 남을 해치는 것도 꺼리지 않기 때문이다. 따라서 반드시 열 살 전에 아이에게 사람됨을 가르쳐 전두엽이 성장할 수 있도록 해야 한다. 수학이나 영어는 때를 놓쳤다 하더라도 다시 만회할 수 있지만, 열 살 전에 전두엽이 성장할 기회를 놓치면 나중에 만회하기 어렵기 때문이다.

그렇다면 도덕성이라는 것은 도대체 무엇일까? 도덕성은 선과 악을 구별하고, 옳고 그른 것을 판단하며 인간관계에서 지켜야 할 규범을 준수하는 능력을 말한다. 그런데 인간관계에서 지켜야 할 규범이라는 것은 애초부터 만들어져 있는 것이 아니라 사회에서 만든 것이다. 그렇기 때문에 규범을 잘 지키려면 규범을 받아들이되 왜 그런 규범이 생겼는지를 이해할 수 있어야 한다. 즉 '이것이 왜 중요한지'에 대해 생각하고 그에 따라 '자신의 행동을 조절할 수 있는 능력'이 필요하다.

도덕 발달에도 단계가 있다

미국의 심리학자인 로렌스 콜버그Lawrence Kohlberg는 인간의 도덕 발달이 크게 세 수준으로 나뉜다고 본다. 인습 이전 수준, 인습 수준, 인습 이후의 수준이 바로 그것인데 각 수준은 다시 2단계로 나뉘어 총 6단계로 이루어진다. 여기서 인습이란 한 사회의 법과 규칙을 말한다.

콜버그의 이론에 따르면 열 살까지의 아이들은 대개 '인습 이전의 수준'으로 도덕 발달상 1~2단계의 행동을 보인다. 이 시기의 아이들은 부모나 선생님이 제재를 가하거나 옳고 그름에 대해 적절히 가르쳐 주지 않으면 어떠한 행동도 서슴지 않는다. 즉 적절한 훈련이 없으면 기본적인 법질서에 무감각해지는 것은 물론 양심보다는 자신의 이익만을 위해 행동하게 된다는 것이다.

1단계는 '벌과 복종의 단계'이다. 이는 벌이나 고통을 피하기 위해 도덕적 행위를 하는 단계로, 좋은 일을 하면 칭찬을 받고 나쁜 일을 하면 벌을 받는 상벌 시스템을 통해 '이 일은 나쁜 짓이고 나쁜 짓을 하면 벌을 받으니까 안 할래'라고 생각하는 단계다.

2단계는 '도구적 목적과 교환의 단계'이다. 자신의 욕구를 충족시킬 수 있는지 없는지를 도덕적 판단의 근거로 삼는 단계로 예컨대 '네가 나한테 나쁜 짓을 했으니 나도 너한테 그렇게 할 거야' 같은 마음은 2단계에 속한다고 할 수 있다. 성숙한 도덕성을 가진 사람은 타인이 잘못했더라도 올바르지 않은 방법으로는 복수하려고 하지 않는다. 하지만 2단계에서는 그러한 판단에 이르지 못하고 자신의 욕구를 충족시키는 것이 가장 도덕적이라고 생각하는 것이다.

〈EBS 부모〉 팀이 방송에서 도덕성에 대한 실험을 한 적이 있다.

열두 살짜리 아이들 12명을 초대했는데, 그중 6명은 도덕성 지수가 높고, 나머지 6명은 평균의 아이들이었다. 이 두 그룹을 빨강팀과 파랑팀으로 나누어 눈으로 보고 맞추면 1분도 안 걸려 완성할 수 있는 유아용 퍼즐을 검은 천 안에 넣어두고 보지 않고 맞출 것을 주문했다.

결과는 어땠을까? 도덕성이 높은 빨강팀 아이들은 시간이 걸리고 답답하더라도 끝까지 규칙을 지켜냈다. 하지만 파랑팀은 선생님이 규칙을 알려주고 나가자마자 모두 검은 천을 들춰보았다. 결과는 규칙을 지키지 않은 파랑팀의 승리였다.

내 아이는 과연 어느 팀에 소속되길 원하는가? 이성적으로는 도덕성이 높은 빨강팀에 속하기를 바라지만 현실에서는 규칙만 들먹이며 융통성이라고는 찾아볼 수 없는 아이라고 답답해하지는 않고 있는가?

〈EBS 부모〉 팀은 이 아이들에게 또 다른 실험을 했다.

이번에는 아이들에게 가만히 앉아서 집중하도록 요구했다. 파랑팀은 몇 초도 지나지 않아 몸을 비비 틀고 여기저기 기웃거리기 시작했다. 그러나 빨강팀 아이들은 점잖게 앉아서 꽤 오랜 시간을 견뎌냈다.

이는 도덕성이 자기조절력과 밀접한 관련이 있음을 보여준다. 자아를 통제하고 조절할 수 있는 능력은 인생을 살아가는 데 매우 결정적인 요소이다. 유혹에 흔들리지 않고 자기중심을 지키며 미래를 위해 지금 당장의 어려움을 참고 견딜 수 있는 힘이기 때문이다.

도덕성이 낮은 아이는 집중력도 낮고 또래관계에서도 어려움을 겪는 것으로 조사되었다. 과잉 행동이나 문제 행동 역시 더 많았으며 공격성 역시 높았다. 따라서 자기조절력을 키워주기 위해,

또래와 원만한 인간관계를 맺어주려고 애쓰기보다는 도덕성을 키워주는 것이 우선되어야 한다는 것을 실험을 통해 알 수 있다.

나 또한 도덕성과 자기조절력의 상관관계를 직접 체험한 경험이 있다. 아이들을 상대로 수업을 진행하다 보면, 수업이 끝날 때까지 한마디도 하지 않고 수업을 마치는 아이들이 있다. 그런 아이들을 위해 내가 선택한 방법은 수업에 참여한 모든 아이들에게 내용물이 보이지 않게 장치된 마술모자를 보여주는 것이다. 그 안에는 그날 배운 내용의 단어카드가 들어 있다. 카드를 보지 않은 상태에서 하나씩 뽑게 하여 그 카드에 적힌 영어 단어를 세 번씩 말하면 카드를 사탕과 교환해준다. 나만의 마술쇼인 셈이다. 들어있는 카드는 그날 읽은 그림책 속에서 빈번하게 등장하는 단어들이다. 대부분 간단한 단어들이지만 어려워 하는 아이들에게는 힌트를 주며 스스로 답을 찾을 수 있도록 도와준다. 결국에는 모든 아이들이 사탕을 받게 된다.

그런데 카드를 보지 않고 뽑으라는 나의 주문에도 불구하고 기어코 마술모자 속을 들여다보며 자신이 원하거나 혹은 알고 있는 카드를 고르기 위해 애쓰는 아이들이 있다. 반면 혹시나 보일까봐 두 눈을 질끈 감고 신중하게 카드를 고르는 아이들도 있다. 이 두 아이들의 수업태도는 어떨까? 짐작대로 도덕성이 높은 아이들이 수업에 적극적이고, 또래와 원만한 관계를 유지하며, 더

디더라도 스스로 하나씩 해결해나간다. 자기조절력이 높은 아이가 도덕성도 높은 것이다. 역으로 도덕성이 높은 아이가 자기조절력도 높다.

발달 단계에 맞춘 도덕성 훈련

아이는 연령에 따라 차근차근 여러 단계를 거쳐 도덕성을 발달시킨다. 0~2세까지는 무도덕 개념의 시기로 도덕이라는 것이 아예 없어 그냥 자신이 하고 싶은 대로 행동한다. 그렇기 때문에 이 시기의 아이에게는 엄마가 아무리 설명을 해줘도 소용이 없다.

그에 비해 만 2~7세의 아이들은 권위주의적인 도덕 판단의 단계에 놓이게 되는데, 대체로 만 3세 정도가 되면 어떤 행동을 해야 하고 하지 말아야 하는지 판단이 가능해진다. 엄마가 했던 "안 돼.", "하지 마."와 같은 말들이 아이에게 어느 정도 내재화되어 습관으로 굳어졌기 때문이다.

만 5세가 되면 공정성이라는 개념도 알게 된다. "이건 억울해.", "이건 부당하다." 같은 느낌도 알게 되는 것이다. 그리고 이 시기의 아이들은 규칙은 꼭 지켜야 한다고 생각한다. 그러나 타인과 조화롭게 살아가기 위해 사람이 규칙을 만들었다는 생각을 하지 못하고 규칙이 먼저 있고 이를 무조건 지켜야 한다고 생각하며 왜 그런 행동을 선택했는지 생각하기보다 결과만을 보고 판단하기도 한다.

따라서 이 시기 아이들의 도덕성을 키우기 위해서는 아이를 바꾸려고 노력하기보다는 기초공사를 꼼꼼히 쌓아가는 시기로 생각하며 접근하는 것이 좋다.

〈EBS 부모〉에서는 우리 아이들의 도덕성을 키워주기 위해 다음과 같은 방법을 제안한다.

1) 해야 할 행동과 하지 말아야 할 행동을 알려주어라

부모는 어떤 일을 해야 하고, 어떤 일을 하지 않아야 하는지 하나하나 아이에게 가르쳐 나가야 한다.

2) 간단하게 설명하라

무조건 "안 돼, 하지 마, 만지지 마."라는 말보다 왜 안 되는지 간단한 설명이 필요하다. "이건 유리야, 그러니까 네가 이걸 깨면 다쳐. 만지면 안 돼."라고 조금만 설명해 주면 된다.

3) 본보기를 보여라

해야 할 것과 하지 말아야 할 것을 말로 설명하는 것보다 더 중요한 것은 행동으로 보여주는 것이다. 횡단보도는 초록불이 켜졌을 때 건너는 것이라고 설명해놓고 급하다고 빨간불에 건너가면 아이는 혼란스러워 하게 된다. 아무리 설명을 들어도 설명과 다른 행동이 눈앞에 보이면 도덕성을 갖기 어렵다.

4) 귀납적으로 훈육하라

귀납이란, 개별적인 사실이나 원리로부터 일반적이고 보편적인 명제 및 법칙을 유도해내는 일을 말한다. 무조건 안 된다고 강요하는 것이 아니라 왜 그 행동이 나쁜지를 설명하고 남에게 미치는 영향을 설명해 주는 것이다. 왜 그런지 이유를 설명한 다음에 원칙을 말해 주면 아이의 도덕성은 자연스럽게 발달하고 이런 과정을 통해서 아이는 자율적인 도덕관을 갖고 스스로 도덕을 지켜나갈 수 있게 된다.

좋은 품성에 도덕성이 갖춰져야 온전한 인간이 된다. 앞으로 어떤 시대가 올지 모른다. 따라서 어떤 방향으로, 어떤 아이로 키워야 할지 누구에게도 확실한 답은 없다. 다만 어떤 시대, 어떤 상황이 와도 '도덕과 인격을 갖춘 사람이 되어야 하는 것'만은 확실하다. 즉 '도덕지능MQ, Moral Quotient이 발달되어야 한다. 이는 전문가들의 한결같은 주장이기도 하다.

아이는 부모의 뒷모습을 보고 자란다는 말이 있다. 부모도 인간인지라 모두가 완벽할 수 없기에 가능한 좋은 점만 보고 배웠으면 좋으련만 아이가 스스로 옳고 그름을 판단하기엔 아직 무리가 있다. 따라서 부모의 행동이 무조건 올바른 것이라고 생각하고 아이들은 부모의 행동을 따라하게 된다. 그러므로 아이의 도덕성을 키우려면 부모가 먼저 도덕적인 삶을 살아야 한다.

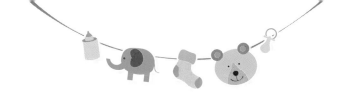

아이의 책임감은
어떻게 생기는가

아이 일은 아이에게 맡겨라

책임감은 날 때부터 가지고 태어나는 것이 아니다. 또 정해진 나이에 자동적으로 생기는 것도 아니다. 피아노 실력이 오랜 시간에 걸쳐 서서히 향상되는 것처럼 책임감도 그렇게 길러진다. 따라서 아이들은 매일 자기가 해결할 수 있는 문제들에 대해서 판단하고 선택하는 연습을 하며 그 과정을 통해 스스로 문제를 해결하는 방법을 배워나가야 한다.

책임감에 대한 교육은 아이의 생활 속에서 매우 일찍부터 시작할 수 있다. 아이들의 생활에 영향을 미치는 문제들에 대해 스스로 판단하고 선택할 수 있게 해주면, 책임감이 고취되기 때문이다.

아이의 책임감은 개인적 책임감과 사회적 책임감, 두 가지로 구분할 수 있는데 이중 영유아기에 발달시켜야 할 책임감은 개인적 책임감이다. 사회적 책임감은 이에 기초해서 형성된다.

개인적 책임감이란 예컨데, '내가 가지고 놀았던 장난감을 정리하지 않으면 어지러워져서 식구들이 불편할 거야. 그러니 치워야겠다.'라고 생각하고 실천하는 것이다. 이처럼 스스로 책임감 있는 행동을 하게 되면 아이는 자기 행동에 대해 주변 사람들에게 긍정적인 피드백과 인정을 받게 되고, 그 결과 자신에 대한 건강한 존중감이 생겨나게 된다.

반면에 자식이 귀하다고 밥을 떠먹여 주거나, 친구와 문제가 있을 때 대신 해결해 주는 등 부모가 아이의 일을 알아서 다 해버리면 아이는 스스로 책임질 기회를 갖지 못한다. 그러면 나중에는 책임지고 싶어도 그 방법을 모르기 때문에 제 앞가림이 힘들어진다. 자신의 일에 책임을 지지 않는 사람은 자기 자신에 대한 책임도 지지 않는다. 자신이 위기에 처한 것도 남 탓이 되고, 자신의 인생이 실패한 것도 남 탓이 된다. 이렇게 자신의 인생에 대해 책임을 지지 않으면 그 사람은 패배자로 살아갈 수밖에 없다.

아이가 사회구성원으로 성장하고, 성공한 삶을 살려면 아이에게 책임감을 심어 주어야 한다. 아주 사소한 일이라도 책임을 지는 아이는 자신의 인생도 책임지게 되며, 그것이 성공적인 삶으로 이끈다. 그러므로 정말 아이를 위하는 부모라면 어렸을 때부터 아이가 자신의 일에 대해 책임을 질 수 있는 기회를 자주 제공해야 한다.

영유아기의 자아존중감은 자기가 중요하게 생각하는 사람들의 영향을 받는다. 예를 들어, 가족이나 유치원 선생님이 "와, 우리 지원이가 장난감을 혼자서 정리하네. 엄마가 이야기하지도 않았는데 알아서 척척 잘 하는구나."라고 말하면 '나는 내 일을 스스로 알아서 척척 하는 아이야'라고 생각하는 반영적 자아[2] 개념의 특성을 보인다. 이 같은 책임감은 영유아기의 자아 정체감과 자아존중감의 발달, 그리고 사회에 대한 이타적 성향과 친사회적 행동의 발달에 긍정적 영향을 미친다.

---

2) 반영적 자아 : 자신에게 중요한 가족원들의 말과 행동에 따라 자신을 평가하며 자아개념을 형성하는 것으로, 격려하고 이해해주는 말을 많이 받은 아이는 '나는 멋진 아이야.', '나는 내가 좋아.'라고 생각하게 된다.

아이의 책임감 발달 단계

　책임감 있는 아이로 키우기 위해서는 책임감의 발달 단계에 대해 알 필요가 있다. 책임감의 의미와 아이들의 책임감 발달 상황, 발달에 적합한 책임감 형성의 구체적 방법 등에 대해 잘 알수록 그에 적합한 교육이 가능하기 때문이다. 일반적으로 유아의 책임감은 본능적 행동의 단계, 상벌에 의해서 행동하는 단계, 사회적 승인에 의한 행동의 단계, 내적 규제의 단계를 거쳐 발달한다.

　영아기(0~2세)에는 자신에게 미치는 고통이나 불쾌감에 의해 책임을 수행하다가 유아기(3~7세)부터 선생님이나 부모 등의 관리, 감독 하에 자기 책임을 수행하는 외부적 통제로 이어진다. 이후 아동기(8~12세)부터는 친구와 같은 또래 관계의 의미가 커지면서 집단의 의견이 행동을 결정하는 동기로 작용하게 되어 사회적인 칭찬이나 비판을 염두에 두면서 책임감 있는 행동을 하게 된다. 책임감 발달의 가장 높은 수준은 내적인 책임감으로서 자기의 양심이나 합리적 판단에 따라 행동하는 것이다.

아이의 책임감을 키우는 부모의 양육 태도

책임감 발달에 영향을 미치는 여러 요인 중 한 가지는 바로 부모의 양육 방식이다. 양육 방식에 따라 아이의 책임감 발달 수준이 차이가 나타나기 때문인데 권위를 내세워 지나치게 통제하는 부모를 둔 아이들은 위축되고 수동적인 모습을 나타내며, 신뢰감을 주지 못하는 경우가 많다. 반면 지나치게 허용적인 부모를 둔 아이들은 자제력과 탐구심의 발달이 매우 낮고 자신에 대한 신뢰감이 부족하다.

아이가 건강한 책임감을 갖게 하기 위해서는 부모로서의 권위를 이용해 아이를 어느 정도 통제하면서 애정을 적절히 조화시켜야 한다.

독일의 요헨 메츠거Jochen Metzger 부부는 자신의 아이들과 기발한 실험을 진행했다. 저널리스트인 아빠와 물리치료사인 엄마, 13세 딸, 10세 아들이 서로의 역할을 바꾸어 한 달 동안 살아보는 실험이었다. 이 실험은 《아이에게 권력을!》이란 책으로 출간돼 독일 전역에 이슈가 되기도 했다.

아이들은 매일 아침 부모가 해야 할 일을 했고(요리, 청소 등), 저녁 식사 자리에서는 부모와 같은 말투로 부모에게 "이제 이야기해봐, 오늘 어땠어?"라고 물었다. 부부는 존중받지 못하는 기분을 느꼈다. 하지만 시간이 지나자 딸은 엄마와 다른 자신의 의견을 관철시키고, 예산에 맞게 식비를 조절하고, 식단을 채식 위주로 바꿨다. 그리고 시키지 않은 집안 청소를 하기도 했다. 스스로 무언가를 계획해서 그 일을 해냈을 때 자신이 가치 있는 사람이라고 생각하게 되는 '자기 효능감'을 느낀 것이다. 역할 분담을 놓고 싸우던 남매는 부모의 중재가 없자 오히려 더 빨리 해결책을 찾기도 했다. 우여곡절 끝에 실험이 끝난 뒤 아들은 "전체적인 것을 알아야 하는 것이 힘들었지만 어린아이도 다른 사람과 똑같은 권리를 가진다는 것을 알았다."고 했다. 딸은 자신에게 주어졌던 역할의 무게를 이해하고, 아이로서 현재 맡은 역할을 훨씬 더 즐기게 됐다. 아내는 아이들이 시키는 대로 로봇처럼 행동했던 시간을 되새기며 자신의 양육태도를 되돌아 봤다.

아이의 책임감은 '자기 결정 효과' 원리를 통해서 발달시킬 수 있다. 이는 아이와 직접적 관련이 있는 다양한 상황에서 아이 자신이 선택하고 그에 따른 결과에 대처하도록 하면서 스스로 행동을 조절할 수 있도록 하는 방법이다. 예를 들어, 식사시간이 너무 길어지는 아이의 경우 정해진 식사시간이 지나면 단호하게 밥상을 치우고 물 이외의 간식을 주지 않는다. 그리고 정해진 식사시간이 아닌 시간에 밥을 먹고 싶으면 엄마의 도움 없이 스스로 먹을 것을 찾아 먹도록 한다. 이는 자기 결정의 기회와 그 결정의 결과에 대해 예측해 보면서 인지적 발달을 촉진하는 효과가 있다.

또한 부모는 아이가 자기 정체성을 인식할 수 있도록 도와야 한다. 누가 시키지 않아도 스스로 하고 싶은 일이 무엇이고, 얼마만큼 할 수 있으며, 어떤 방법을 가장 좋아하고 쉽게 할 수 있는지 깨닫게 되면 아이들은 욕구를 충족하기 위해 책임감 있는 행동을 하게 된다. 이것이 쌓이면 책임감이 내면화된다. 또 아이에게 가장 큰 영향을 끼치는 사람은 부모이기 때문에 부모 스스로 일상생활에서 작은 말이나 행동까지 책임지려고 노력하는 모습을 보여주는 것도 좋은 방법이다.

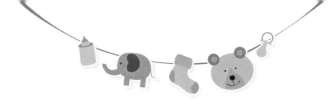

아이는 어떻게
회복탄력성을 얻는가

역경을 극복하는 힘

살아가면서 좋은 일만 생기면 좋으련만 우리의 삶은 온갖 역경과 어려운 일로 가득하다. 하지만 우리 모두는 인생의 역경을 얼마든지 이겨낼 잠재적인 힘을 지니고 있다. 그러한 힘을 학자들은 '회복탄력성Resilience'이라고 부른다. 회복탄력성은 자신에게 닥치는 온갖 역경이나 어려움을 도약의 발판으로 삼는 힘이다. 성공은 어려움이나 실패가 없는 상태가 아니라 역경과 시련을 극복해낸 상태를 말한다. 떨어져본 사람만이 어디로 올라가야 하는지 그 방향을 알고, 추락해본 사람만이 다시 튀어 올라가야할 필요성을 절감하듯이, 바닥을 쳐본 사람만이 더욱 높게 날아오를 힘을 갖게 되는 것이다.

회복탄력성이 역경을 이겨내기 위해서 필요한 것만은 아니다. 살면서 매일 겪게 되는 수많은 고민과 좌절 등을 자연스럽게 이겨내기 위해서도 꼭 필요한 능력이라 할 수 있겠다.

하와이 카우아이 섬의 종단연구

하와이 군도 북서쪽 끝에 인구가 3만 명에 불과한 카우아이 라는 섬이 있다. 여러 영화의 촬영지이기도 한 이 섬은 '정원의 섬'이라 불릴 정도로 아름다운 곳이다. 하지만 1950년대만 해도 이 섬은 지독한 가난과 질병에 시달리며 주민 대다수가 범죄자나 알코올 중독자, 혹은 정신질환자로 구성된 지옥과도 같은 곳이었다. 학교 교육이 제대로 이루어지지 않아 청소년의 비행도 심각한 수준이었다. 이 섬에서 태어난다는 것은 불행한 삶을 예약하는 것과 다름없었다.

1954년 미국 소아과 의사, 정신과 의사, 사회복지사, 심리학자 등 다양한 학문적 관심을 가진 학자들이 절망과 좌절로 가득 찬 이 섬에 도착했다. 훗날 사회과학 역사상 가장 야심 찬 연구 중 하나로 기록될 카우아이 섬 종단 연구가 시작된 것이다.

이 연구자들은 1955년에 카우아이 섬에서 태어난 모든 신생아 (833명)를 대상으로 이들이 어른이 될 때까지 추적 조사하는 연구에 착수했다.

이곳에서 이루어진 여러 연구 중, 심리학자 에미 워너는 어린 시절에 겪었던 특정한 어려움이 훗날 문제를 일으킬 가능성이 있는가에 대해 구체적인 인과관계를 찾아내려 애썼다. 예를 들어, 엄마가 알코올 중독자이면 자녀 역시 알코올 중독에 걸릴 가능성이 높은가? 10대 미혼모에게서 태어난 아이는 범죄의 길로 빠질 가능성이 더 높은가? 엄마와 아빠가 이혼한 아이는 좀 더 공격적인 성향을 보이는가? 등이었다. 만약 이런 인과관계를 다 밝혀낼 수 있다면 아이들의 출생과 양육 환경만 보고도 사회적응 가능성에 대해 어느 정도 예측할 수 있게 될 것이라고 추측했다.

에미 워너Emmy Werner는 이러한 목적을 갖고 전체 연구 대상 중에서 가장 열악한 환경에서 자란 201명을 추려 내었다. 이들은 모두 극빈층에서 태어났으며 태어날 때 크고 작은 어려움을 겪었다. 가정불화가 심하거나 부모는 별거 혹은 이혼 상태였다. 엄마나 아빠가 혹은 양쪽 모두가 알코올 중독이나 정신질환을 앓고 있다는 공통점도 지녔다.

　'고위험군'이라 불리는 이 201명의 성장 과정에 대한 자료를 분석해 보니 실제로 다른 집단에 비해 훨씬 더 심각한 학교생활 부적응과 학습장애를 보였고, 학교와 집에서 여러 가지 갈등을 일으켰다. 확실히 이들은 나머지 아이들에 비해 훨씬 더 높은 비율로 사회 부적응자가 되어 있었다.

　하지만 고위험군 201명중 72명은 마치 유복한 가정에서 태어나기라도 한 것처럼 훌륭하게 성장하였다. 가족이나 친구들과도 아무 문제없이 잘 지내고, 긍정적이며 장래가 촉망되는 그야말로 정상적인 젊은이들이었다. 에미 워너는 이 72명이 역경을 이겨낼 수 있는 공통된 속성을 지니고 있음을 깨달았다. 에미 워너는 삶의 어떠한 역경에도 굴하지 않는 강인한 힘의 원동력이 되는 이 속성을 '회복탄력성'이라 불렀다.

　에미 워너는 '회복탄력성'을 갖는 아이들에게서 공통점을 하나 발견하였다. 그것은 그 아이의 입장을 무조건적으로 이해해 주고 받아주는 어른이 적어도 그 아이의 인생 중에 한 명은 있었다는 것이다. 그 사람이 엄마였든 아빠였든 혹은 할머니, 할아버지, 삼촌, 이모였든 간에 그 아이를 가까이서 지켜봐주고 무조건적인 사랑을 베풀며 아이가 언제든 기댈 언덕이 되어주었던 사람이 있었던 것이다.

"사람은 결국 사랑을 먹고 산다"는 것이 카우아이 섬 연구의 결론이다. 사랑 없이 아이는 강한 인간이 되지 못한다. 사랑을 먹고 자라야 아이는 이 험한 세상을 헤쳐나갈 힘을 얻는다. 회복탄력성은 사랑을 바탕으로 길러지는 것이다.

하지만 이러한 회복탄력성을 누구나 다 발휘할 수 있는 것은 아니다. 고무공처럼 강하게 다시 튀어 오르는 사람이 있는가 하면 유리공처럼 바닥에 떨어져 산산조각 나버리는 사람도 있다. 안타깝게도 통계적으로 보면 고무공보다는 유리공의 비율이 두 배 이상 더 많다고 한다.

회복탄력성은 마음의 근력과도 같다. 몸이 힘을 발휘하려면 강한 근육이 필요한 것처럼 마음이 강한 힘을 발휘하기 위해서는 튼튼한 마음의 근육이 필요하다. 심리학자들에 의하면 사람마다 역경을 견딜 수 있는 능력이 다르지만 체계적인 노력과 훈련을 통해 키워나갈 수 있다고 한다.

회복탄력성 향상을 위한 두 가지 습관

그렇다면 어떻게 아이의 회복탄력성을 향상시킬 수 있을까? 회복탄력성을 높이려면 내 삶에서 일어나는 모든 사건들을 보다 더 긍정적으로 받아들이는 뇌가 필요하다. 한마디로 뇌를 재구성하는 것이다. 이를 위해서는 부정적인 사건을 만나거나 실수를 저질렀을 때 뇌가 일어난 사실 자체를 객관적으로 파악하고 나아가 이를 긍정적으로 수용하도록 훈련해야 한다. 이런 훈련을 통해 아이는 뇌가 원하는 방향으로 마음을 움직일 수 있게 된다.

김주환 교수는 그의 저서《회복탄력성》에서 자기조절 능력, 대인관계 능력, 그리고 긍정성을 회복탄력성을 구성하는 세 가지 요소로 보았다. 그리고 긍정성을 강화하면 자기조절 능력과 대인관계 능력을 동시에 높일 수 있고, 긍정성을 습관화하면 누구나 회복탄력성을 높일 수 있다고 보았다.

긍정성을 높이기 위해서는 시간이 필요하다. 반복적인 훈련도 필요하다. 이러한 훈련은 우리의 뇌가 원하는 방향으로 우리의 몸과 마음을 저절로 움직일 수 있도록 해준다.

심리학이 발견한 긍정적 정서 향상법에는 여러 가지가 있다. 명상하기, 선행 베풀기, 인생에서의 좋은 일과 추억을 회상하기, 잘되는 일에 집중하기 등등 다양한 훈련방법이 있으나, 단연 최고의 효과를 지닌 것으로 입증된 것이 바로 '감사하기' 훈련이다. 감사하기 훈련도 여러 가지가 있지만 그중 가장 효과적인 것은 매일 밤 잠자리에 들기 전에 그날 있었던 일들을 돌이켜 보면서 감사할 만한 일을 다섯 가지 이상 수첩에 적는 것이다. 막연한 감사가 아니라 그 내용을 구체적으로 적어야 한다. 이렇게 하면 우리의 뇌는 그날 있었던 일을 꼼꼼히 회상해보면서 그중에서 감사할 만한 일을 찾게 된다. 다시 말해, 감사한 마음으로 그날 하루에 있었던 일을 돌이켜보다가 잠들게 되는 것이다.

잠들기 전에 하는 것이 효과적인 이유는 기억의 고착화 현상은 잠자는 동안 일어나기 때문이다. 즉 긍정적 마음으로 그날 하루 일을 회상하는 뇌의 작용을 일종의 습관으로 만드는 것이다. 아직 글쓰기가 어려운 아이들일 경우 아이가 불러주는 감사의 내용을 엄마가 감사일기 수첩에 적어줘도 좋다. 감사일기 적기를 며칠 하다 보면 우리의 뇌는 아침에 일어날 때부터 감사한 일을 찾기 시작한다. 즉 일상생활을 하는 동안 늘 감사한 일을 찾게 되고 이는 나에게 벌어지는 일들을 감사하게 바라보는 습관으로 이어진다.

행복의 기본 수준을 높이는 또 하나의 확실한 방법은 규칙적인 운동이다. 몸을 움직이면 뇌가 건강해진다. 운동은 뇌 안의 혈액 순환을 향상시킴으로써 스트레스를 감소시키고 사고 능력을 증진시킨다. 우리의 뇌를 행복하게 해줄 뿐만 아니라 머리를 좋게 해주기도 한다.

운동을 하게 되면 뇌가 긍정적으로 변화한다. 이렇게 되면 긍정적인 감정이 강화되고, 타인에게 좋은 인상을 주게 되며, 원만한 인간관계와 리더십도 길러지게 된다.

《나와 우리 아이를 살리는 회복탄력성》의 저자 최성애 박사는 즐거운 기억을 떠올리고, 남의 이야기를 경청하고, 편안한 장소를 상상하는 등의 행동이 아이의 몸과 마음, 감정을 조화시키는 데 도움이 된다고 말한다.

마음이 건강하고 남을 잘 이해하고 배려하며 공감하고 소통할 줄 아는 아이가 바로 회복탄력성이 높은 아이다. 심장과학 분야의 세계적인 연구기관인 미국 하트매스 연구소에서는 이러한 아이들을 '하트스마트heart-smart'하다고 정의한다.

회복탄력성이 높으면 위기상황에서 자신을 믿고 스스로 결정을 내릴 힘이 생긴다. '위기에도 불구하고'가 아니라 '위기 덕분에' 능력을 발휘하는 아이로 자라게 하려면 아이가 실수를 하더라도 격려와 응원을 하고, 아이가 선택한 결정에 끝까지 믿음을 보여야 한다.

여덟 개의 다중지능, 저마다의 특별함이 있다

언어지능

단어의 소리, 리듬, 의미에 대한 감수성이나 언어 기능에 대한 민감성 등과 관련된 능력이다. 글이나 말로 자신의 생각이나 느낌을 정확하게 표현하고, 말이나 글로 표현된 내용을 잘 기억할 수 있다.

논리-수학지능

논리적 문제나 수학, 과학 문제를 풀어가는 과정에 관한 능력이다. 실험을 좋아하고, 문제를 해결할 때도 근거와 원리를 찾으려고 하며, 숫자에 관련된 내용에 호기심이 많아 차량번호나 전화번호 등을 잘 기억한다.

공간지능

눈에 보이는 모든 형상과 마음속의 심상에 이르기까지 형태나 이미지와 관련된 지능이다. 도형이나 그림, 지도, 입체 설계 등의 공간적인 상징체계를 잘 파악하는 능력으로 방향감각이 뛰어나 처음 방문하는 곳도 잘 찾아가며 시각능력 또한 뛰어난 편이다.

인간친화지능

사람들과 교류하고 타인의 감정과 행동을 잘 이해해 여러 상황에 적절히 대처하는 능력이다. 다른 사람의 기분이나 동기, 의도의 차이를 간파는 능력이 뛰어나 인간관계를 잘 이끌어나갈 수 있다.

자기이해지능

자기 자신을 이해하고 자신의 욕망이나 재능, 두려움 등을 잘 다루어 효과적인 삶을 살아갈 수 있게 하는 능력이다. 자신의 감정에 충실하며, 자신을 위해 진지한 삶의 목표를 세우고, 자아존중감이나 자기향상욕구도 강하다.

음악지능

소리, 리듬, 진동 같은 음의 변화에 민감하고 음의 유형을 잘 구분하는 능력으로, 음악뿐 아니라 소리 전체를 다루는 능력을 가리킨다. 사람의 목소리와 같은 언어적 형태의 소리뿐만 아니라 사람의 발자국 소리와 같은 비언어적 소리를 구별하는 능력도 매우 발달해있다.

신체운동지능

자신의 몸을 통제하고 운동, 균형, 민첩성 등을 조절해 사물을 다루는 능력이다. 촉각이 매우 예민하고 손으로 물건을 다루고 조작하는 능력이 뛰어나 손재주가 있다는 이야기를 많이 듣는다.

자연친화지능

동물이나 식물을 좋아하고 자연 속에서 편안함을 느끼는 자연친화적인 성향이 강하다. 살아있는 동물과 식물을 기르는 걸 좋아하고, 그 밖의 자연 현상에도 관심이 많다. 유형 및 개체를 규정하고 분류하는 능력도 뛰어나다.

3장

적기교육을 위한

타이밍 학습 코칭

너무 일찍 글을 깨우치는 것은 생리학적으로 부적합하고 교육학적으로도 불필요하다. 시각, 언어, 청각 영역이 하나로 합쳐지는 뇌의 부분을 각회라고 하는데, 그 부분은 만 5살 정도부터 발달하기 때문이다.

책을 어떻게
읽어주는 것이 좋은가

같은 책을 여러 번 반복해서 읽어줘라

일본 도후쿠 대학 뇌 연구가 가와시마 류타 교수는 상상력을 키우는 뇌의 전두전야(前頭前野)가 독서로 활성화된다고 했다. 이는 책을 읽을 때와 읽지 않을 때 뇌의 변화를 살펴봄으로써 가능했는데, 만화책을 읽거나 비디오게임을 할 때엔 일부분만 활성화되었던 뇌가 책을 읽을 때는 뇌 전체가 활성화되었다. 류타 교수는 뇌전체가 활성화되는 이유가 '상상력' 때문이라고 말한다. 만화책을 읽을 때나 비디오게임을 할 때는 상상력이 발휘되지 않아 뇌가 활성화되지 않는 것이다. 어린이나 어른 모두 상상력은 바로 전두전야에서 나오는데, 책을 읽을 때 전두전야를 많이 사용한다. 즉 책읽기는 전두전야를 훈련시키는 좋은 방법이다.

EBS에서 이와 관련된 실험을 진행하였다. 황순원 작가의 〈소나기〉를 두고 한 그룹은 책을 읽고, 한 그룹은 영화로 제작된 영상을 보여준 후 소나기의 한 구절을 아무 예고 없이 제시했다. 그리고 예시 구절을 보며 그림으로 표현하기를 주문했다. 그 결과 책으로 읽은 그룹은 각자의 상상력을 적극 표현함으로써 같은 그림이 하나도 없었지만, 영화를 본 아이들은 거의 같은 패턴으로 영화의 장면을 그대로 옮겨 그렸다. 이는 영상으로 보는 것보다 책으로 읽는 것이 뇌 활성화 측면에서는 훨씬 좋다는 것을 보여준다. 미국 소아학회에서는 2살 미만의 아이에게는 TV 시청 금지를 권고한다. TV보다 책을 본 아이의 뇌 발달이 훨씬 우수하다는 과학적 결과 때문이다.

인지신경과학자 메리언 울프Maryanne Wolf는 아기가 엄마의 품에 안긴 상태에서부터 독서를 시작해야 한다고 한다. 아기는 생후 6개월부터 배우기 시작하는데 엄마의 품에서 보호받고 사랑받으면서 엄마가 읽어주는 것을 들으며 독서가 아름답다는 것을 배우게 된다는 것이다. 이처럼 엄마가 책을 읽어주는 것이 독서의 첫 단계이다. 이는 인간의 감각 중 청각이 시각보다 먼저 발달하기 때문이다.

　너무 일찍 글을 깨우치는 것은 생리학적으로 부적합하고 교육학적으로도 불필요하다. 시각, 언어, 청각 영역이 하나로 합쳐지는 뇌의 부분을 각회라고 하는데, 그 부분은 만 5살 정도부터 발달하기 때문이다. 대부분의 아이들은 이 시기가 되면 책을 볼 때 그림보다는 글자에 관심을 보인다. 또한 자기의 이름을 써보며 글자를 익히려고 한다.

　9살, 10살의 나이로 미국의 아이비리그에 입학해 '리틀 아인슈타인 남매'로 불린 쇼와 사유리의 한국인 어머니 진경혜 씨는 생후 6개월 이후부터 하루도 빼놓지 않고 아이들에게 책을 읽어주었다고 한다. 또한 매일 새로운 책을 읽어주기 위해 애쓰는 엄마들과 다르게 같은 책을 여러 번 읽어주었다고 한다.

　아이들은 읽고, 또 읽은 책에서도 새로움을 찾아내며 하나씩 내 것으로 만들어 나간다. 따라서 만 4세가 되기 전까지는 새로운 책을 다양하게 읽어주는 것보다는 같은 책을 여러 번 반복해 읽어주는 것이 더 좋다.

매일 책을 읽는다는 것은
매일 두뇌를 훈련시킨다는 것

여기 좀 더 구체적으로 독서의 중요성을 강조한 사람이 있다. 《하루 15분 책 읽어주기의 힘》의 저자 짐 트렐리즈Jim Trelease는 하루에 15분씩만 아이에게 책을 읽어주라고 말한다. 그것도 아이가 뱃속에 있을 때부터 열네 살이 될 때까지 말이다. 다 큰 아이에게 왜 책을 읽어주느냐고 반문할 수 있지만, 그것은 아이의 듣기 수준과 읽기 수준이 열네 살 무렵에나 같아지기 때문이다. 이전까지는 아이의 듣기 수준과 읽기 수준에 현격한 차이가 나서, 아이가 혼자 읽을 때에는 이해하기 어려운 이야기도 들려줄 때에는 이해할 수 있다는 것이다. 즉 부모가 책을 읽어주면 초등학교 1학년 아이는 4학년 수준의 책을 즐길 수 있고, 5학년 아이는 중학교 1학년 수준의 책을 즐길 수 있는데, 이는 아이의 귀에 고급 단어를 넣어 주어 아이가 눈으로 책을 읽을 때 그 단어를 쉽게 이해하도록 도와주기 때문이라는 것이다.

이렇듯 아이들이 어릴 때 책 읽어주기를 강조하는 이유는 "세 살 버릇 여든 간다."는 속담처럼 만 3세까지는 독서습관을 들이기 쉽고 매일 책을 읽어주는 것만으로도 큰 효과를 얻을 수 있기 때문이다. 매일 책을 읽는다는 것은 매일 두뇌를 훈련시키는 것에 비유되기도 한다.

특별하고 재미있게 놀아줄 재주가 없던 내가 아이와 가장 편하게 놀아줄 수 있는 도구 중의 하나가 책이었다. 책은 내가 그려줄 수 없는 훌륭한 그림과 이야기를 대신해줬다. 나는 그저 아이와 함께 그림을 보거나 글자를 읽어주기만 하면 됐다. 내가 하는 거라고는 아이를 무릎에 앉히고 같은 곳을 바라보는 것이었다. 성우처럼 근사하게 책을 읽을 필요도 없고 이야기를 지어내느라 고민하지 않아도 됐다. 아이는 이런 경험이 습관이 되어 12개월이 지날 쯤부터는 외출했다 돌아오면 자연스럽게 먼저 책을 찾았다. 그런 아이가 신기해서 사진을 찍어두었던 경험은 즐거운 추억으로 남아 있다.

독서는 종합교육이다. 단순하게 글자를 습득하는 능력뿐만 아니라 뇌 발달과 인지, 정서 발달에 영향을 준다. 책속에 등장하는 주인공들을 간접 경험하며 공감하는 능력을 키울 수 있고, 이는 사회성을 향상시켜준다. 또한 다 읽어야만 이야기의 끝을 알 수 있기 때문에 책을 읽으면서 참을성과 인내력을 높이고 성취감을 향상시킬 수 있다. 그러므로 초등학교 입학 전까지는 책과 친밀한 아이로 기르는 데 주력하자.

아이들의 한글 습득 시기가 빨라지면서 5~7세 아이에게 혼자 책을 읽으라고 하는 엄마들이 많다. 그러나 이 시기 아이들은 활자가 아닌 그림을 보며 더 큰 상상력을 길러야 한다. 읽어줄 때는 단어를 비슷한 말로 풀어주거나, 그림을 설명해 주는 등 엄마가 설명을 곁들이는 것이 효과적이다.

반면에 글자 중심으로만 책을 읽어주거나, 하루 몇 권 읽기와 같이 목표달성을 위한 책 읽기는 좋지 않다. 또한 아이가 책을 읽을 때에만 애정과 관심을 보인다거나 보상을 전제로 하는 책 읽기, 지식중심의 책 읽기 등은 오히려 독이 될 수 있다. 책 읽기는 지식 습득보다는 부모와의 상호작용이 먼저라는 것을 꼭 기억해 두자.

연령별 그림책 읽기

아이가 태어날 때부터 책을 읽어줘라

2살 미만의 아이에게 TV 시청 금지를 권고했던 미국 소아과학회가 2014년 "아이들이 태어난 직후부터 책을 읽어줘야 한다."는 새로운 권고안을 내놓았다. 아이가 아무 말도 못 알아듣는 것 같지만 엄마 아빠가 책 읽어 주는 소리는 그 자체가 훌륭한 언어적 자극이 돼 두뇌 발달에 큰 도움이 된다는 것이다. 이는 출생 후 3년 내에 뇌 발달의 중요한 부분이 이뤄진다는 점을 감안한 것으로 말하기, 노래하기뿐만 아니라 읽기가 아이들의 학습, 지적 능력에 매우 중요한 것으로 밝혀졌기 때문이다.

한 뇌 과학자가 12개월 이전의 유아를 대상으로 몇 개의 단어를 제시하면서 엄마가 읽어줄 때, 모르는 사람이 읽어줄 때, 성우가 녹음한 목소리로 읽어줄 때 중 어느 때에 더 유심히 보는가를 실험했다. 그 결과 엄마가 읽어줄 때, 모르는 사람이 읽어줄 때, 성우가 녹음한 목소리로 읽어줄 때 순으로 반응을 보였다고 한다.

뉴욕 쿠니센터가 아이들 1천 명을 대상으로 한 조사에서도 아이들이 좋아하는 것은 화려한 디지털 기기 속 그림책이 아니라 부모가 읽어주는 종이책이라는 것이 증명되었다. 아이는 그림책을 읽어주는 부모에게서 사랑을 느끼기 때문이다.

하지만 아무리 책 읽기가 좋다고는 하나 연령에 맞지 않는 책 읽기는 자칫 아이들의 흥미를 떨어뜨려 독서습관 형성에 좋지 않은 영향을 미칠 수 있다. 그럼 이 시기 연령에 맞는 그림책을 고르는 요령을 알아보자.

만 3세 - 사실, 체험, 지식, 정보가 있는 그림책

이 시기는 정서적으로 안정되면서 종합적인 사고가 가능할 뿐 아니라 언어가 급격히 발달한다. 말놀이를 즐길 때라 동요도 여전히 좋아한다. 동요는 독서로 발전하는 중요한 끈이 되므로 생생한 목소리로 리듬을 강조해 불러주도록 한다.

이 시기에 아이는 상상력도 발달하여 의사놀이와 같은 역할놀이를 즐기기도 하고, 무생물도 살아 있으며 자신처럼 감정을 가지고 있다고 여겨 장난감이나 인형에게도 친근하게 말을 걸며 이야기를 나눈다. 따라서 이 시기 아이와 대화할 때에는 다양한 어휘가 포함된 문장, 문법 구조가 완전한 문장을 사용하도록 신경 써야 한다. 또 이 시기에는 줄거리가 있는 그림책을 많이 읽어줘야 한다.

이전보다 인지 수준이 높아져서 다양한 그림책을 볼 수 있더라도, 아이는 알고 있는 이야기를 여러 차례 되풀이 읽어주는 것을 더 좋아한다. 그러므로 다양한 종류의 그림책을 읽어주되, 같은 책을 여러 번 반복해서 읽어주도록 하자. 적당한 그림책으로는 생활 그림책, 이야기가 있는 지식정보 그림책, 적당하게 밀고 당기는 팝업북, 글 없는 그림책, 수학 그림책 등이 있다.

만 4세 - 신체, 색과 수, 비교, 글자, 자연현상 등의 그림책

아이가 점차 말문이 트이는 시기로 단순하고 반복되는 의성어나 의태어에 흥미를 갖는다. 200개 정도의 어휘를 알게 되고 부모의 말을 60~80% 정도 이해한다. 4~5개 단어로 된 문장을 말하고 질문을 할 수 있을 정도로 언어 능력이 발달한다.

이 시기 아이들은 온 세상이 궁금하다. 온통 '어떻게'나 '왜'에 관심이 집중되어 있어 그것을 해결하고 싶은 마음에 끊임없이 질문을 해댄다. 그러므로 이야기가 있는 그림책을 보여주면 좋다.

처음에는 아이의 주변 생활과 관련된 재미있는 이야기로 구성된 그림책을 골라주는 것이 좋다. 그리고 자기 몸에 관심이 많은 시기이므로 신체에 관한 그림책을 읽어주면, 자신을 인식하고 자존감을 형성하는 데 도움을 줄 수 있다.

색과 수, 닮은 것과 다른 것 등의 개념을 다룬 수학 그림책과 자연을 아주 세세하게 묘사한 그림책도 좋다. 글자에도 흥미를 갖기 시작하므로 언어 그림책도 필요하다.

또한 흥미가 생기는 책은 몇 번이고 되풀이하여 읽어주기를 원하는데, 이때는 독서습관 형성에 중요한 때이므로 귀찮아도 정성껏 읽어주어야 한다. 그리고 질문에 대한 답도 대충 건너뛰지 말고 정성껏 답해 주도록 하자.

이 시기의 유아들에게는 숫자를 셀 수 있는 책, 가나다 책과 같은 개념 책, 음률과 반복이 있는 패턴 책, 단순한 줄거리의 이야기책이나 그림책이 좋다.

만 5세 - 다양한 장르의 그림책

여러 가지에 관심이 많아지는 때이므로 다양한 장르의 독서가 필요하다. 아이가 읽고 싶은 것을 골라주는 것도 좋지만, 다양한 장르의 책들을 접할 수 있도록 도와주어야 아이의 호기심도 충족시키고 독서에 대한 의욕도 높일 수 있다.

아이들은 만 4세가 넘으면 한동안은 전래동화 그림책에 관심을 보이다가 갑자기 과학원리 그림책을 좋아하게 되고 또 조금 지나면 추상성이 강한 세계명작 그림책으로 넘어간다.

이 시기에는 정보를 나열한 그림책보다는 이야기로 서술한 그림책이 좋다. 정보를 이야기로 꾸민 그림책은 감성을 자극하며 정보를 전달해주기 때문에 오래 기억에 남는다. 책에서 다룬 사물이나 사건을 직접 접할 기회를 주면 더 좋다. 그림책을 함께 읽는 과정에서 아이는 이야기 구조를 이해하게 되고, 다채로운 어휘의 세계를 경험하게 되며, 한없이 펼쳐지는 상상의 세계에서 스스로 즐겁게 놀 수 있게 된다.

부모는 책을 읽어준 후 책의 주요 내용과 관련한 질문[3]을 하는 것이 좋다. 하지만 이러한 질문을 내용 이해의 평가 기준으로 삼기보다는 아이와 생각과 감정을 공유하는 기회로 활용해야 한다.

---

3) 주인공이 누구인지, 어떤 사건을 겪는지, 주인공의 기분은 어떨지, 새롭게 알게 된 정보가 있는지 등.

만 6세 - 바른 도덕성을 가르쳐주는 그림책, 깊이 있는 인지 그림책

이 시기는 전두엽이 발달해 창의력이 최고 절정에 이른다. 이때 읽는 판타지 그림책은 아이를 상상의 세계로 안내하고 창의력을 쑥쑥 키워준다. 때문에 이 시기는 다양한 판타지 그림책을 되도록 많이 즐기게 도와주고 혹 아이가 특정분야에 관심을 보인다면 그 분야에 풍부하고 자세한 정보를 줄 수 있는 그림책도 필요하다. 즉 다양한 소재와 주제의 그림책을 읽어주고, 읽도록 하는 것이 중요하다.

그림책을 고를 때는 특히 '도덕성 발달'을 염두에 두어야 한다. 이 시기는 도덕성이 발달할 때라 칭찬받는 일, 혼나는 일, 착한 일, 나쁜 일 등에 관심이 많으므로 권선징악이 뚜렷한 전래동화 그림책이나 세계명작 등 옛날이야기가 아주 요긴하다. 옛날이야기에는 인간이 삶에서 지향하는 원형 의식이 담겨 있다. 특히, 주인공이 갈등이나 난관을 헤쳐 나가는 이야기가 많다. 착한 이가 어려움을 겪지만 결국 이겨내며, 나쁜 사람은 벌을 받게 된다는 이야기를 통해 선과 악에 대한 기본 개념을 깨닫게 된다.

5~6세는 대상에 대한 정확한 인식이 가능하며 상상력이 점차 확장하는 시기이므로 주인공과 자신을 동일시하는 공감 능력도 강화된다. 그러므로 독서 후 아이와 충분한 대화를 나누어 책읽기 과정에서의 생각과 감정을 활성화시키는 것이 좋다.

이 연령부터는 어느 정도 개별적 기질이 드러나기 시작한다. 이는 곧 자신이 읽기 편하고 즐거움을 느끼는 책을 고를 수 있다는 의미이기도 하다. 이야기에 몰입하는 아이도 있고 특정 영역의 도서에만 관심을 보이는 아이도 있다.

어떠한 교육 현장에서도 아이의 관심을 따라가는 것이 중요하다. 그러나 지속적인 안내가 필요하다는 것 또한 교육의 기본이다. 따라서 가능한 여러 분야의 책, 다양한 형식의 책을 읽도록 안내해야 한다. 이 시기에 편독 현상이 고착되면 이후에 교정하기가 쉽지 않기 때문이다.

더불어 정기적으로 집 가까운 동네 서점이나 도서관에 함께 가서 다양한 책을 고르는 기회를 갖는 것이 좋다. 이는 어릴 때부터 좋은 책을 고르는 습관을 키우는 데 매우 좋은 방법이다.

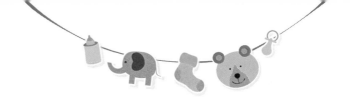

한글은 언제 어떤 방법으로
가르쳐야 할까

한글 교육은 만 6세 이후에 시작하자

아이가 세 돌이 지날 무렵이면, 이웃 엄마들의 학습에 관한 이야기에 나도 모르게 귀가 솔깃해진다. 이때 엄마들의 가장 뜨거운 관심사는 한글 교육이다. 낱글자 교육이니, 통글자 교육이니 하는 교육 방법에서부터 엄마표로 가르칠까, 학습지로 가르칠까, 영상으로 익히게 할까 등 이런저런 고민이 많아진다.

한글 교육을 둘러싸고 무엇보다 의견이 분분한 것은 시기에 대한 문제다. 전문가들은 아이마다 또 환경에 따라 한글을 학습하는 시기가 다르다고 말한다. 아이마다 인지 발달 속도가 다르고 문자에 대한 반응 정도가 다르기 때문이다. 하지만 기본적으로 만 48개월은 지나고 가르치는 것이 좋다는 의견이 지배적이다. 그 이전까지는 본격적으로 글자를 가르치기보다 책을 읽어주거나 아이와 이야기를 많이 하는 것만으로도 충분하다는 것이다.

미국 매사추세츠 주 터프츠 대학의 엘리엇–피어슨 아동발달학과 교수이자 독서와 언어 연구센터 소장인 메리언 울프Maryanne Wolf는 《책 읽는 뇌》에서 "만 6세 미만의 아이에게 글자를 가르치는 것은 생물학적으로 매우 위험한 일이다."라고 경고한다. 너무 이른 시기에 행하는 문자 교육을 단호하게 비판하고 있는 것이다. 메리언 울프에 따르면 아이가 글을 읽는 것은 쉽고 자연스러운 일이 아니라고 한다. 글을 읽는 능력은 뇌의 학습 역량이 진화하는 과정에서 생겨난 독특하고 어려운 능력으로, 배우고 훈련해야 얻을 수 있는 능력이다. 따라서 아이들에게 무리한 방식으로 서둘러 책을 읽혔다가는 예측할 수 없는 결과를 불러올 가능성이 높다는 것이다.

아기들은 소리를 구분하고 단어를 익히기 시작해서 만 5세 무렵이면 문장, 문단, 문법 구조를 익힌다. 이 과정은 모두 소리를 통해 이뤄진다. 아이가 책을 붙잡고 문자라는 상징을 시각적으로 파악하고 그 의미를 인지하기 위해서는 뇌의 생물학적 시간표가 고려되어야만 한다. 뇌의 생물학적 시간표란 아이의 뇌가 발달하는 단계를 의미한다. 문자 등을 통해 본격적으로 정보를 받아들일 수 있는 시기는 우리가 일반적으로 알고 있는 나이보다 훨씬 나중인 12세 무렵이다. 아이들마다 개인차가 있고, 또 남녀 간에도 차이가 있지만 문자를 통한 책 읽기는 아이들의 뇌에 별도의 회로가 갖춰져야만 가능한 일이다.

"독서는 다양한 정보원, 특히 시각 영역과 청각, 언어, 개념 영역을 연결하고 통합할 수 있는 뇌의 능력에 의존한다. 네 살이나 다섯 살이 되기 전 아이들에게 독서(문자를 통한 책 읽기)를 가르치는 것은 생물학적으로 매우 경솔한 일이며 많은 경우 역효과를 낼 수 있다."

울프 교수의 말대로 아이들의 뇌는 아직 문자라는 복잡한 정보를 받아들일 준비가 되어 있지 않다. 다섯 살 혹은 일곱 살이 되어도 준비가 갖춰지지 않는 아이들도 많다. 따라서 아이들의 뇌에 문자라는 자극은 감당하기 힘든 정보다.

영국의 독서학자 우샤 고스와미Usha Goswami와 그녀의 연구팀이 서로 다른 3개 언어의 5~7세 아이들을 대상으로 실시한 언어 간 연구를 주목해보자. 그들의 연구에 의하면 다섯 살부터 독서를 시킨 아이들이 일곱 살에 독서를 시작한 아이들보다 성취도가 낮았다. 이 연구를 통해 얻을 수 있는 결론은 네 살이나 다섯 살이 되기 전 아이들에게 독서를 가르치는 것은 생물학적으로 경솔한 일이며 많은 경우 역효과를 낼 수 있다는 점이다. 너무 빨리 시작하는 문자 교육은 아이의 뇌 발달에 독이 될 가능성이 많다.

OECD 국가 중 국민의 언어능력이 가장 우수한 나라로 평가받는 핀란드에서는 8세 이전의 글자 교육을 엄격하게 금지하고 있다. 독일, 영국을 비롯한 유럽의 국가들과 이스라엘 역시 취학 전 문자 교육을 철저하게 금지하고 있다. 취학 전 아이들이 받아야 할 더 중요한 교육을 문자 교육으로 빼앗길 수 없다고 판단했기 때문이다.

따라서 아이가 한글을 늦게 깨우친다고 해서 실망할 필요는 없다. 오히려 너무 일찍 가르칠 경우, 아이의 인지 발달이 충분히 이뤄지지 않아 스트레스만 받게 된다. 그러다 보면 글자 공부를 싫어하게 될 것이다.

아이가 그림책에 흥미를 갖고 재미를 느끼려는 시기에 어설프게 한글 학습을 시도하면 그림책마저 보려 하지 않는 일이 생길 수 있다. 또 아이와 함께 그림책을 읽을 때 글자가 알려주는 내용에 생각이 한정되다 보면 그림을 보면서 생각하고 상상하는 힘을 잃기도 한다. 무엇보다 제대로 따라오지 않는 아이를 답답해하면서 야단치게 되면 아이와의 관계가 나빠지기도 한다.

반대로 한글 교육을 너무 늦게 시작할 경우에도 문제는 생긴다. 초등학교에서 처음 한글 교육을 받으면 아이가 한글을 재미가 아닌 공부로 인식해 시작하기 전부터 겁낼 수 있고, 이미 글을 읽고 쓸 수 있는 또래와 비교하거나, 받아쓰기 등을 하면서 열등감을 느낄 수 있기 때문이다. 그리고 스스로 책을 읽는 경험이 부족할 경우 책에 대한 관심과 재미가 떨어질 수도 있다. 따라서 한글 교육은 만 6세 이후, 늦어도 초등학교 입학 전에는 시작하는 것이 좋다.

한글 교육의 방법도 중요하다

한글 교육을 시작할 때 가르치는 사람과의 관계도 중요하다. 워킹맘이거나 아이가 유치원에 다녀 엄마와 함께하는 시간이 부족한 경우, 아이는 엄마와 놀고 싶은데 엄마가 공부하자며 책을 펼치면 아이는 공부를 싫어하게 된다. 그러므로 아이와 애착관계가 좋을 때, 그리고 방학이나 휴가 등 함께 시간을 많이 보낼 수 있는 환경에서 한글 공부를 시작할 것을 권한다.

나는 아이와 함께 한글 공부를 할 때 아이가 좋아하는 것과 공부를 연관시켰다. 아이가 동물에 호기심을 보이면 동물과 관련된 사진을 구해 동물 이름을 적어두었고, 과일을 맛있게 먹거나 과일 그림을 좋아하면 여러 종류의 과일, 채소 사진에 이름을 적어 집안 곳곳에 붙여두었다. 자동차, 비행기 등 여러 가지 탈것들과 집안 곳곳에 위치한 물건들에도 이름표를 써서 붙여두었다. 그리고 아이가 관심을 보일 때마다 한 번씩 글자를 가리키며 소리 내어 읽어주었다.

그런데 아이는 그림에만 관심을 보일뿐 글자에는 관심을 보이지 않았다. 아이가 자는 틈에 시간을 내어 한글과 관련된 학습교구들을 만들었지만 이 역시 아이는 관심을 보이지 않았다. 엄마가 학습교구를 만들기 위해 고민한 시간에 비해 아이의 관심이 너무 낮아 무척 속상했다.

그런데 별 기대 없이 읽고 또 읽어주었던 그림책을 보며 아이는 어느 순간 엄마처럼 읽는 흉내를 내기 시작했다. 익숙한 책 제목을 손으로 가리키며 읽는 흉내를 내기도 하고, 나름대로 이야기를 만들어 나에게 책을 읽어주기도 했다. 그때가 36개월 무렵이었다. 그러다가 어느 순간 아이가 자연스럽게 책을 읽기 시작했다. 이렇게 나의 아이는 한글을 깨쳤다. 물론 혼자 글을 읽고 의미를 알게 되기까지는 시간이 한참 더 필요했지만 이때부터 한글은 읽을 수 있게 된 것이다.

책 속의 그림이나 사진을 통한 한글 읽기는 통문자 방식에 해당된다. 통문자 방식은 어린 연령의 아이들에게 그림이나 사진을 각인시키듯이 글자를 통째로 이미지화시켜 인지시키는 방법이다. 이 방법은 아이들이 큰 부담 없이 글자를 받아들인다는 장점이 있다.

반면 자모음 조합의 한글 깨치기는 자음과 모음을 외워 서로 조합하는 방법이다. 자음과 모음의 조합 원리를 이해하면 쉽게 한글을 깨칠 수 있으나 자음과 모음을 이해하려면 일정한 수준의 인지능력이 필요하다. 따라서 그것을 학습적으로 이해하는 과정에서 아이가 부담감을 가질 수 있다.

나는 통문자 방식으로 책을 읽은 후, 한글 쓰기를 연습하는 6세 과정에서 자음과 모음을 구분해주며 한글 조합을 알려주었다. 그러자 아이는 복잡한 한글도 어려워하지 않게 되었다.

여러 뇌 과학자들의 우려에도 불구하고 현재 우리나라 실정에서 초등학교에 입학해 한글을 깨치게 하기에는 어려움이 있다. 분명 더 짧은 기간에 한글 깨치기는 성공할 수 있겠으나 학교 적응에는 어려움이 많을 것이다. 따라서 한글은 적어도 초등학교 입학하기 2년 전부터 서서히 놀이를 통해 익힐 수 있도록 도와주기를 권한다. 그 시기엔 유치원에서도 한글 지도를 시작하는 시기이므로 아이도 큰 거부감 없이 받아들인다.

어떤 아이는 아주 어릴 때 한글 학습을 시도했는데도 스펀지처럼 쏙쏙 빨아들이며 몇 개월 만에 한글을 뚝딱 떼기도 하고, 어떤 아이는 한글을 받아들일 만한 나이가 되었는데도 쉽게 한글을 익히지 못하는 경우가 있다. 이처럼 아이마다 한글을 받아들이는 나이가 다른 것은 인지 발달 상황이 다르고 문자에 반응하는 정도가 달라서이다. 아이가 한글을 받아들이려는 시기가 되었는지 판단하기 위해서는 아이를 유심히 관찰하는 것이 필요하다. 한글 떼기에 성공한 사례를 보면 아이가 문자에 반응하기 시작할 때를 잘 포착해서 아이의 잠재력을 이끌어냈다는 공통점이 있다. 아이가 문자에 관심을 보이고 있다는 신호는 여러 가지 형태로 나타나는데 아래의 check list를 참고해보자. 아래 항목 중 7가지 이상의 행동을 보이면 글자에 관심을 가진다는 신호이므로 한글 교육을 시작해도 좋다.

check list
1. "엄마, 이게 뭐야?", "이걸 뭐라고 읽어?"라며 아이가 직접적으로 한글에 관심을 갖는다.
2. 그림책을 읽을 때 글자를 짚어가며 읽으면 좋아한다.
3. 혼자서 그림책의 글자를 짚어가며 읽는 시늉을 한다.
4. "엄마, 공주를 어떻게 써?"라고 묻는다.
5. 길을 가다가 간판을 보고 뭐라고 쓰여 있는지 묻는다.

6. 물건의 이름을 정확하게 알고 있어 엄마가 물건에 대해 물어보면 가리키거나 가져온다.
7. 그림책의 표지만 보고도 제목을 알아맞힌다.
8. 책을 좋아해서 끊임없이 읽어달라고 한다.
9. 일상에서 글자가 보일 때 반복해서 글자를 유심히 바라본다.
10. 손으로 연필을 잘 잡고, 글자를 따라 그릴 수 있다.

한글 학습은 다른 아이와 비교하기 보다는 내 아이가 준비가 되었는지를 가늠한 후 시작하는 게 좋다. 그리고 한번 시작하면 꾸준히 진행하되 재미와 즐거움을 잃지 않게 하는 데 신경을 써야 한다. 아이도 엄마도 재미있고 즐겁게 하는 것이 한글 떼기를 쉽게 끝낼 수 있는 최고의 비법이다.

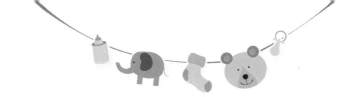

영어 실력이 모국어를
앞설 수는 없다

외국어 습득의 효과적 시기

나도 여느 사람과 마찬가지로 학창 시절 내내 영어를 공부했지만 막상 외국인을 만나면 슬그머니 피하게 된다. 이런 내 모습을 보며 내 아이만큼은 언어의 장벽을 넘어 자유롭게 의사소통하기를 바랐다. 이것이 보통 엄마들의 마음일 것이다. 이 때문에 아이들이 외국어 공부를 시작하는 연령은 갈수록 낮아지고 있다.

특히, 언어를 공부함에 있어 '결정적 시기'라는 단어는 엄마들을 조급하게 만든다. 결정적 시기를 이유로 조기 교육의 필요성을 주장하는 대표적인 사람은 미국의 언어학자인 노암 촘스키 Noam Chomsky다.

촘스키에 따르면 "인간의 뇌에는 선천적으로 모든 언어 구사에 필요한 기본 원칙이 담겨 있는 특수 기관이 존재한다."고 한다. 이 기관을 언어 습득 장치LAD, language acquisition device라고 하는데 이를 통해 사람은 별다른 노력 없이도 생활 속에서 접한 언어를 모국어로 구사할 수 있게 된다는 것이다. 언어 습득 장치가 활성화되는 시기가 만 4세에서 만 12세인데, 이 시기에 모국어에 노출되지 못한 아이는 정상적인 언어생활이 어렵다고 한다. 오랫동안 벽장 속에 갇혀 있다 구출된 '제니'가 대표적인 사례이다.

제니는 1970년 로스앤젤레스의 한 작은 벽장 속에서 발견되었다. 당시 그녀의 나이는 13세였는데, 생후 18개월 되던 때 정신 질환을 앓고 있던 아버지가 그녀를 그곳에 가두었다고 한다. 앞을 보지 못했던 그녀의 어머니 또한 아버지에게 정신적으로 육체적으로 학대를 당하고 있었던 탓에 제니를 돌봐줄 수 없었다. 제니는 이렇게 사람과 접촉을 하지 못한 채, 그곳에서 10년을 넘게 보내야 했다. 그러다 제니의 아버지가 죽고, 이웃 사람들의 신고를 받고 출동한 경찰이 그녀를 발견하고 꺼내주었다. 당시 제니의 몸은 이미 소녀로 자랐지만, 한 단어로 된 말 몇 마디만 알아들을 뿐 말을 전혀 하지 못했다. 언어 습득의 결정적인 시기인 만 4세에서 12세 동안 모국어에 노출되지 못한 탓이었다.

이후 제니는 각종 심리치료를 받으며 집중적인 언어 교육을 받아 5년 뒤에는 좀 복잡한 문장도 알아들을 수 있게 되었지만, 정상적인 수준에는 이르지 못했다. 지속적인 언어 교육의 효과로 어휘는 풍부해졌으나 어순을 바꿔서 의문문을 만들거나, 대답할 때 'you'를 'I'로 바꾸는 등, 기본적인 문법조차 알지 못했기 때문이다. 게다가 말을 할 때 가끔 동사를 사용하기는 했지만 주로 명사를 사용하고 형용사나 부사는 거의 쓰지 못했다. 교육을 받은 후에도 제니는 두세 단어 정도만 가지고 의사표현을 할 뿐이었다.

제니의 이야기는 만 4세에서 만 12세 사이에 언어를 습득하지 못하면 정상적인 언어를 구사할 수 없다는 촘스키의 이론을 잘 뒷받침해준다. 뿐만 아니라 이 시기의 언어 습득이 얼마나 중요한지도 말해준다. 그렇다면 외국어를 배우는 시기도 모국어 습득처럼 결정적인 시기가 있을까?

한번은 스탠퍼드 대학에서 캘리포니아에 거주하는 라틴계, 아시아계, 유럽계 외국인들을 대상으로 영어 습득에 따른 패턴을 조사한 적이 있다. 여기서 도출된 결과는 언어 습득의 결정적인 시기가 있다는 사실에 더 큰 확신을 심어 주었다. 만 4세에서 만 12세 사이에 체계적으로 영어를 배운 외국인들의 영어 발음이 원어민에 훨씬 더 가깝고 영어를 구사하는 데도 더 편안함을 느낀다는 결과가 나왔기 때문이다.

이 문제를 연구했던 여러 언어학자들이 내린 결론은 다음과 같다. 모국어를 제대로 익히려면 만 4세에서 만 12세까지는 반드시 모국어 사용 환경에 많이 노출되어야 한다. 또한 외국어 습득은 모국어처럼 그 시기를 놓치면 습득이 불가능해지는 결정적인 시기가 있는 것은 아니나 '가장 효과적인 시기'는 역시 만 4세에서 만 12세 사이라는 것이다.

모국어로 배경 지식 넓히기

언어 습득을 위해서는 최소한 1만 시간은 필요하다는 이론이 있다. 당연한 이야기겠지만 영어 실력은 노출 빈도와 시간에 비례한다. 특히 우리나라처럼 영어를 외국어로 사용하는 EFLEnglish as a Foreign Language 환경에서는 학교와 학원에서 받는 수업만으로 1만 시간을 채우기에는 매우 어렵다. 공교육과 사교육에서 채워 주지 못하는 부족한 영어 노출 시간을 어떻게 하면 효율적으로 늘릴 수 있을까? 답은 '영어 책' 읽기다.

유아기 때의 책읽기는 모국어와 영어의 구분이 없다. 아이는 그림책에 쓰인 글자를 읽어 내용을 파악한다기보다 그림책 속의 그림과 책을 읽어주는 엄마의 느낌을 통해 내용을 유추해나간다. 책속의 글자 수가 점점 늘어나고, 아이가 미처 경험하지 못한 상황들이 책속에 등장하면서 점차 내용을 이해할 수 없으니 자꾸 의미를 물어볼 수밖에 없다.

나이에 비해 영어 수준이 월등히 앞서 흔히 '영어 영재'라고 불리는 아이들 중 시간이 지나면서 평범한 아이가 되는 경우가 많다. 연령에 따른 학습 능력 때문이다. 예를 들어 뒤에서 다루게 될 파닉스 과정을 학습한다고 가정할 때 7세 미만의 유아가 파닉스 과정을 완성하기까지는 평균 1년 정도의 시간이 소요된다. 그러나 8세 이상 초등학교 저학년 아이는 6개월이면 충분하다. 초등학교 고학년 아이들은 3개월 혹은 더 적은 기간 내에도 과정을 마무리할 수 있다. 물론 아이의 언어 인지 능력에 개인차가 있으나 이처럼 어릴 때부터 시작한 영어교육이 반드시 성공까지 보장하진 않는다. 그럼, 아이의 언어 인지 능력을 향상시킬 수 있는 방법은 무엇일까? 바로 '한글 책' 읽기다.

우리의 모국어는 한글이다. 일찍부터 한글 책을 많이 접한 아이들은 한글로 언어인지 능력을 훈련하게 된다. 또한 환경적으로 모국어에 항상 노출되어 있기 때문에 언어구사 능력이 함께 발달된다. 영어의 경우 그 구조가 한국어와 다르지만, 차이를 인지하며 언어를 습득하는 능력은 결국 모국어 실력에서 나올 수밖에 없다.

영어 수준이 높아질수록 영단어의 뜻을 영어로 외울 때는 정확한 의미 전달을 위해 한국어로 설명하기도 하는데, 국어 수준이 낮을 경우는 한국어로도 모르는 단어가 너무 많기 때문에 영어문장을 이해할 수가 없다. 따라서 모국어의 배경 지식이 없는 아이들은 일정 수준 이상의 영어 실력을 기대하기 어렵다는 것이 영어 전문가들의 의견이다. 이는 대부분 영어 학습에 성공한 아이들이 영어책 못지않게 한글 책을 다독한 사실과 일맥상통한다. 일정 수준 이상의 영어 실력을 향상시키고 싶다면 모국어 수준도 함께 높여야함을 잊어서는 안 된다.

결정적 시기라는 이론이 외국어의 조기교육의 중요성과 연관되어 논의되고 있지만 절대적이지는 않다. 실제로 성인이 외국어를 높은 수준까지 배우는 경우는 상당히 많으며 이에 대해 다수의 학자도 외국어 습득에 있어 나이에 의한 절대적 시기보다는 동기부여와 학습 방법 및 노력이 더 중요하다고 주장한다. 물론 외국어의 억양이나 발음 부분에서는 경험상 어릴 때부터의 습득이 도움 된다. 하지만 그 역시 모국어를 앞설 수는 없다.

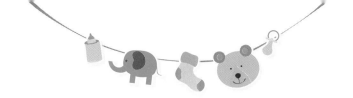

왜 영어 그림책을
읽어야 하는가

영어책 속의 살아 있는 언어 익히기

아이 덕분에 읽기 시작한 그림책은 실물보다 더 세밀하게 곤충을 표현해주기도 하고, 말로 표현하기 어려운 상상 속의 세계를 아름다운 작품으로 보여주기도 했다. 또한 내가 미처 생각하지 못한 아이들의 생각을 엿보게도 해주었다. 지금도 책장에 꽂혀있는 그 책들을 펼치면 아이와 함께 했던 시간으로 빠져들곤 한다.

지금은 거의 실시간으로 세계적으로 유명한 아동 작가들의 책들이 우리말로 번역되어 나온다. 그런 책들을 읽을 때마다 감탄

하기도 하지만 아쉬움이 남기도 한다. 언어유희를 제대로 살리지 못하거나, 너무나 친절하게 풀어서 설명한 문장이 오히려 상상력을 방해하기 때문이다. 그림책의 언어들은 사전과 같은 설명식 언어와는 다르게 은유와 비유가 가득하다. 따라서 글을 읽고 그림과 함께 뜻을 유추하며 나의 언어로 문장을 해석하는 재미가 쏠쏠하다. 너무 자세한 설명은 그 재미난 과정을 빼앗아가고 만다.

나라마다 환경은 다르지만 아이들이 커가면서 생각하는 방식은 거의 비슷하다. 때문에 문화적인 차이를 제외하면 표현 방식은 비슷할 수밖에 없다. 영어 그림책은 한글 동화책과 마찬가지로 아이들이 자주 쓰는 어휘, 문구, 문장 혹은 내용 등이 반복해서 나온다. 반복은 영어 학습에서 매우 중요한 요소이다. 그래서 이야기 중심의 스토리 북은 각기 다른 책이라도 비슷한 내용이나 문구가 반복되는 경우가 많다.

영어를 학습할 때 어휘나 문장을 외워서 학습한 학습자와 그림책을 통해 학습한 학습자는 시간이 지날수록 그 차이가 극명해진다. 한글 그림책을 많이 읽으면서 저절로 한글을 깨치는 것과 같이 영어 그림책도 마찬가지다. 처음부터 알파벳이나 발음을 알지 못해도 그림책을 보며 유추한 내용이 반복될수록 저절로 음가를 파악하게 된다. 따라서 영어를 익히는 데 있어 그림책으로 첫 출발을 하는 것만큼 효과적인 방법도 없다.

영어 교육에 대한 부모들의 관심이 높아져서 최근 국내에 들어오는 많은 수입 영어 동화책들이 경쟁적으로 오디오 CD나 홈페이지 등을 통해 음원을 제공하고 있다. 스토리와 함께 제공되는 음원을 활용해서 듣기 학습으로 이끄는 방법은 영어 듣기의 올바른 시작이라 할 수 있다. 또한 글과 그림, 그리고 소리로 이어지는 상호 연계 학습은 언어를 가장 친근하게 접할 수 있는 효과적인 학습 방법이다.

원서를 통해 얻을 수 있는 가장 큰 장점은 상황별 문장에 쓰인 다양하고 살아 있는 어휘를 익힐 수 있다는 것이다. 더불어 영어 동화책은 가족, 친구 등 주변 이야기에서부터 사회, 인문, 과학, 예술 등 거의 모든 장르의 소재와 주제를 다룬다. 따라서 책읽기를 통해 영어권 문화를 간접적으로 경험할 수 있다.

이 시기 아이들의 습득 속도는 대단히 빠르다. 하지만 빨리 익히는 만큼 빨리 잊어버린다. 그래서 반복하는 것이 중요하다. 문장을 익혔다 하더라도 생활하면서 그 문장을 사용할 일이 거의 없기 때문에 열심히 익혔던 문장도 어느 순간 기억 속에서 사라진다. 영어 유치원을 다니며 익숙했던 생활영어도 초등학교에 입학하면서부터 사용 빈도수가 줄어들기 때문에 자연스럽게 잊어버린다.

아이들이 시간이 지나도 그나마 오랫동안 기억하는 것은 특정 단어나 문장이 아닌 노래를 부르며 몸으로 익혔던 것들이다. 책상에 앉아 공부로 접했던 영어책 속의 문장이 아니라 외워버릴 정도로 반복해서 읽었던 영어 그림책 속의 내용들 말이다. 흥겨운 노래와 율동을 통해 온몸으로 즐겼던 내용은 설령 잊어버렸다 하더라도 첫 문장만 시작되면 율동과 함께 노래를 흥얼거리게 된다. 안타깝게도 이렇게 흥겹고 아이들이 좋아할만한 내용을 가지고 아이들의 호기심을 충족시킬 수 있는 영어교과서를 아직 만나지 못했다.

발음보다는 각 시기별로 습득되어야 할 어휘가 더 중요하다

처음 영어 그림책을 읽어줄 때 엄마들의 가장 큰 걱정은 발음이다. 물론 발음이 정확할수록 좋겠지만, 아이들은 엄마가 그림책을 읽어줄 때 소리보다는 그림에 더 관심을 둔다. 그림을 보고 이야기의 내용을 유추해보는데 더 많은 관심을 두는 것이다. 소리는 책 내용을 파악한 후 오디오 CD를 통해 자연스럽게 습득할 수 있다.

EBS에서 반기문 유엔 사무총장의 2006년 유엔 사무총장 수락 연설을 두고 한국인과 외국인을 대상으로 한 가지 실험을 했다.

대부분의 한국 사람들이 연설의 내용보다는 한국식 발음에 관심을 보인 반면, 외국인들은 연설에 사용된 어휘와 문장 구조 및 분명한 의사 전달에 더 많은 관심을 가졌다. 제작진이 외국인들에게 다음처럼 질문했다.

"당신이 외국인을 만나서 그들의 영어를 평가할 때 영어를 잘한다고 평가하는 기준은 무엇입니까?"

"나는 대화 능력과 의사 전달 능력을 가장 중요하게 생각합니다. 그들의 발음이 유창한지는 크게 신경 쓰지 않습니다."

"영어는 모국어도 제 2언어도 아닌 그저 외국어일 뿐"이라는 마지막 내레이션이 특히 기억에 남는다.

실험에 참가한 한국인과 외국인의 대조적인 반응을 보며 우리가 생각해 봐야 할 것이 있다. 바로 유창한 미국식 영어 발음보다는 각 시기별로 습득되어야 할 어휘가 더 중요하다는 점이다. 사람들은 상황별, 시기별로 표현하는 언어가 다르다. 따라서 유아언어, 청소년 은어, 비속어, 전문어 등 말하는 사람에 따라 각자의 언어가 다르게 표현될 수밖에 없다. 이것이 언어가 갖는 특징이며 살아있는 영어를 학습해야 하는 이유이기도 하다. 따라서 시기적절하게 어휘를 바꿔가며 살아있는 영어를 공부할 수 있는 최선의 방법은 영어 그림책만한 것이 없다.

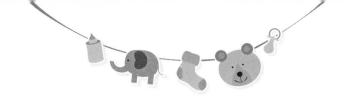

연령별 영어책 읽기

리듬과 운율이 반복된 그림책과
쉬운 정보책이 필요하다

　스위스의 심리학자 피아제에 의하면 이 시기의 아이들은 전조
작기의 2단계에 속한다. 인과관계에 대한 호기심이 많아지는 시
기로 이전보다 "왜?" 등의 질문이 많아진다. 이때 다양한 방법으
로 답변을 해주면 지식도 늘어나고 창의력 향상에도 도움이 된다.
적절한 답을 할 수 없는 경우에는 납득할 만한 이유로 설명을 중
단하되, 아이의 질문을 무시하는 형태가 되지 않아야 자존감에 나

쁜 영향을 끼치지 않게 된다. 다행스럽게도 아이들의 궁금증은 대부분 책을 통해 해결할 수 있다.

이 시기 아이들은 시각적으로 즐거운 것에 흥미를 느낀다. 매력적인 그림과 사진이 담긴 책을 좋아하며, 리듬과 운율이 반복되는 단어 놀이와 단순한 이야기를 즐긴다. 이 시기에는 다음에 나올 문장을 쉽게 예측할 수 있는 책을 선택해 반복되는 문장을 읽어주면 좋다.

미국에서 아이를 키운 사람 치고 닥터 수스Dr. Seuss를 모르는 사람은 없을 것이다. 미국인들이 가장 사랑하는 작가 중 하나로 꼽히는 닥터 수스는 1984년에 퓰리처상을 수상하기도 했다. 특히 희한한 모자를 쓴 고양이가 주인공인 《모자 쓴 고양이The Cat in The Hat》는 많은 부모들이 자녀에게 책장이 닳도록 읽어주는 동화책이다. 이 책은 운율과 내용과 그림이 모두 특이하고 기묘하며 우스꽝스럽기도 한데, 눈과 귀를 뗄 수 없는 특별한 매력으로 미국인들의 동심과 추억 속에 깊숙이 자리 잡고 있다.

닥터 수스가 이 책을 쓰게 된 계기가 무척 재미있다. 1954년, 초등학교 학생들의 읽기 능력이 저조한 이유가 아동 도서들이 재미없고 따분하기 때문이라는 보고서가 발표되자, 한 출판사가 닥터 수스에게 초등학교 1학년생들을 위해 가장 본질적인 단어 250개만을 사용해서 책을 써 달라고 요청했다. 그 결과로 1957년에 나온 책이 220개의 핵심단어들을 사용한 《모자 쓴 고양이》이다. 이후로 닥터 수스는 유치원, 초등학교 1학년 학생들이 스스로 책을 읽을 수 있도록 돕기 위해 48권의 책을 더 집필했다. 이 책들은 20여 개의 언어로 번역됐고, 그는 아동문학의 개척자이자 최고의 베스트셀러 작가가 되었다.

이 시기는 생활에 필요한 지식을 이해할 수 있는 시기다. 또 기초 정보가 필요한 때이기도 하므로 이해하기 쉬운 정보가 담긴 책을 읽어주는 것도 좋다. 또한 가족이 매우 중요한 시기이기 때문에 가족과 관련된 책도 많이 읽어주어야 한다.

읽기와 쓰기에 점점 재미를 느끼기 시작하므로 간단한 문장이 반복된 책을 읽게 하는 것이 좋다. 그런 책들을 통해 아이는 읽을 줄 아는 척하며 읽는 것을 흉내 내기 시작한다. 간혹 빠뜨린 단어나 문장을 함께 읽으며 반응해주고, 읽다가 발음이 틀리면 곧바로 고쳐주지 말고 다음에 똑같은 문장이 나왔을 때 천천히, 바르게 읽어주면 된다.

Eric Carle의 《Brown bear, Brown bear, What do you see?》와 Anthony Browne의 《My Dad》, 《My Mum》, Eileen Christelow의 《Five little monkeys jumping on the bed》는 앞서 설명한 내용들을 담고 있으며, 아이들 또한 좋아하는 책이다.

책 읽는 습관 만들기

아이가 책장을 넘기지 않고 특정 장면에 계속 눈길을 줄 때는 서두르지 말고 기다려주는 게 좋다. 아이가 책을 즐기는 중이기 때문이다. 따라서 책 한 권을 빠르게 읽는 것보다 '다음에 어떤 장면이 나올까?' 하며 호기심을 가질 수 있도록 이끄는 것이 더 중요하다. 책을 다 읽고 난 뒤 책 내용과 관련된 체험 교육 시간을 만들어 주면 책 읽기의 효과는 더 커진다.

예를 들어, 비 오는 날 밖에 나가 놀 수 없어 실망한 아이를 위해 온몸으로 놀아주는 아빠의 이야기 《Pete's a Pizza》를 읽고 책 속의 내용을 따라 아이의 몸을 피자 만들 듯 이리저리 주무르면서 같이 놀거나, 직접 간단한 피자를 만들어 보는 것도 좋다.

고양이에게 들키지 않으려고 이리저리 색깔을 바꿔가는 세 마리 생쥐이야기 《Mouse Paint》를 통해 색깔과 색의 혼합에 대해 알려주며 물감을 이용해 색의 변화를 확인시켜 주는 것도 좋은 체험 교육이 될 수 있다.

책 읽기가 점점 익숙해지면 아이는 그림에 의존하기보다는 글자를 보고 읽으려고 노력한다. 바로 이때 매일 규칙적으로 책을 읽는 습관을 들일 수 있도록 도와줘야 한다. 읽는 도중 아이들이 한껏 상상력을 발휘하거나, 이미 읽은 내용을 다시 이야기할 때는 열심히 들어주는 것이 중요하다. 아이들과 수업을 진행하다 보면 자기의 생각을 이야기하고 내가 아는 내용을 다른 친구들에게 알려주고 싶어 하는 아이들이 의외로 많다. 정해진 시간이 있는 수업이다 보니 그 아이들의 이야기를 끝까지 들어주지 못할 때는 정말 미안하다. 칭찬과 격려, 그리고 경청은 자기조절력이 싹트기 시작하는 이 시기 아이들에게 가장 필요한 항목이 아닐까 생각한다.

장난이 심한 맥스가 엄마에게 혼난 후 상상 속의 괴물 나라로 여행을 떠나 괴물들의 왕이 되어 두려움을 극복해나가는 내용의 동화《Where the Wild Things Are》, 동생에게 장난감을 빼앗긴 소피의 감정변화를 섬세하게 잘 묘사하며 자신의 부정적 감정을 긍정적으로 승화시키는 소피의 이야기가 담겨 있는《When Sophie Gets Angry—Really, Really Angry...》, 늘 좋아하는 담요를 갖고 다니며 자기 물건에 집착하는 내용의《Owen》도 아이들이 자신과 동일시하기 좋은 책들이다.

글자에 조금씩 익숙해진 아이에게는 제목과 글자를 손가락으로 하나씩 가리키며 읽어주자. 리듬과 운율이 많이 들어 있는 책과 알파벳 책을 읽으면서 단어의 첫 글자에서 나는 소리를 함께 맞춰보거나 마지막 글자의 운율을 맞춰보며 자연스럽게 글자의 음가를 익힐 수 있다. 이는 파닉스를 공부하기 위한 준비단계에 해당된다 하겠다.

픽처북과 챕터북

스토리 북story book은 픽처북과 챕터북으로 나누어 볼 수 있다. 픽처북은 말 그대로 그림이 주가 되어 내용을 전달하므로 단어의 양이 상대적으로 적다. 반대로 챕터북은 글 위주로 의미를 전달하기 때문에 글씨 크기가 작고 단어가 많으며 그림은 드문드문 이해를 돕기 위한 수단 정도로 쓰인다.

픽처북은 책 한 권의 내용이 얼마 되지 않기 때문에 다 읽은 후 전체 내용의 70~80%를 이해할 수 있는 수준이 적당하다. 처음 읽었을 때 70% 정도 이해했다면 두 번째는 80% 정도, 세 번째는 90% 정도 이해할 수 있으면 적당하다.

픽처북은 여러 권의 책을 읽는 것보다 같은 책을 두 번, 세 번 소리 내어 읽게 하면 좋다. 그러면 익숙한 문장이 더욱 입에 붙어 문장 만들기의 틀을 잡는 데 큰 도움이 된다. 또한 모르는 단어가 나오더라도 그때그때 뜻을 찾지 말고 끝까지 읽기를 진행시키는 게 좋다. 대부분 아이의 수준에 맞는 책은 이렇게 여러 번 되풀이해 읽으면 좀 전에 몰랐던 단어를 다음 문장이나 다음 단락, 다음

페이지에서 미루어 짐작할 수 있게 된다.

챕터북은 그림보다는 글 위주의 짧막한 영어 소설책이다. 모험과 판타지, 추리, 과학, 성장 등 흥미를 자극하는 내용이 5~8개의 장chapter로 구성되어 있다. 처음 영어 독서를 시작하는 아이에게는 아이가 재미있어 하는 책을 레벨에 맞게 선정해서 읽게 하고, 아이가 책 읽기에 흥미를 가질 무렵 권장도서 목록을 보여 주며 스스로 읽고 싶은 책을 선정하도록 도와주는 것이 좋다.

앞서 리딩에 가장 효율적인 학습 방법은 자신이 이해하는 단어와 문장이 70~80% 수준인 책을 보는 것이라고 하였다. 대부분의 영어원서에는 어휘 빈도수와 문장 길이에 따라 리딩 레벨이 정해져있으나 미국 학생의 데이터베이스를 토대로 한 결과이므로 국내 학습자에게 적용하기에는 다소 무리가 있다. 따라서 'Five Finger Test'를 소개한다.

'Five Finger Test'는 다섯 손가락을 사용하여 아이가 읽는 책이 아이의 리딩 레벨에 적합한지 테스트하는 방법이다. 우선 책을 무작위로 펼쳐서 한 페이지를 소리내어 읽게 한다. 그리고 모르는 단어가 나올때마다 손가락을 접으며 세어본다. 접힌 손가락이 0~1개이면 쉬운 책에 해당되고 2~3개면 적당한 수준이며, 4~5개는 어려운 수준이다. 너무 쉬운 책은 재미는 있지만 아이의 실력이 늘지 않고, 너무 어려운 책은 아이를 좌절시키므로 적절한 수준의 책을 골라주어야 한다.

다시 말해 조금 쉽게 접근할 수 있는 책을 통해 자신감을 갖고 학습하는 편이 장기적인 영어 학습에 효율적이며 올바른 영어 독서의 시작이라 하겠다.

영어를 처음 접할 때 아이가 영어에 관심과 흥미를 가질 수 있도록 부모가 해야 할 역할이 많다. 그중에 한 가지는 부모가 좋아하는 책을 일방적으로 강요하기보다는 아이가 읽고 싶은 책을 직접 고를 수 있도록 도와주는 것이다. 자신이 직접 고른 책에 애정을 갖고 학습할 수 있도록 배려하는 것은 매우 중요한 일이다.

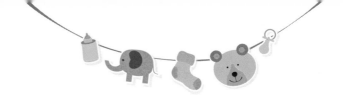

알파벳과 파닉스,
그리고 사이트 워드

알파벳으로 글자의 기본을,
파닉스를 통해 글자의 소리를 익히자

영어 그림책으로 시작한 아이들이 슬슬 책을 읽기 시작한다. 아니 읽는 척하기 시작한다. 단어와 의미를 완전히 연결시키지는 못하지만, 눈으로 익숙해진 통글자를 비슷하게 소리 내어 엄마가 보기엔 그럴 듯하게 책을 읽어내는 것이다. 이때부터 엄마들은 고민을 하기 시작한다.

'알파벳 학습을 시작해야 하는 것은 아닐까?'

'파닉스를 통해 읽기 규칙을 배우면 좀 더 쉽게 책을 읽어나간 다는데……'

'사이트 워드Sight Words라는 학습도 필요하다는데 그건 도대체 무엇일까?'

일단 알파벳, 파닉스, 사이트 워드의 정의부터 알아보자.

알파벳Alphabet은 하나하나의 문자가 원칙적으로 하나의 자음 또는 모음의 음소(音素)를 나타내는 표음문자의 일종이다. 알파벳이라는 말은 그리스 문자의 첫 두 글자 α, β의 읽기인 알파(ἄλφα), 베타(βῆτα)에서 유래했다. 알파벳은 자음과 모음으로 이루어진 문자를 의미하므로 한글도 알파벳의 일종이며 따라서 서양에서는 한글을 '코리안 알파벳 Korean alphabet'이라고 부른다.

다음으로 아이들의 영어 학원이나 영어 교재를 고를 때 자주 듣게 되는 말이 바로 파닉스다. 파닉스Phonics란 음성학으로 '소리와 문자의 관계가 지닌 규칙성'이라고 할 수 있다. 'phonetics(음성학)'의 기초를 간단히 배울 수 있도록 개발된 것이 바로 'phonics(음가)'다. 한글이 14개의 자음과 10개의 모음을 조합해 하나의 글자를 만들 듯, 알파벳은 26개의 각기 다른 소리를 가진 기호들이 모여 의미를 가진 하나의 글자가 만들어진다. 이처럼 문자와 음성

언어 간의 관계를 규명하여 정확하게 소리를 낼 수 있도록 공부하는 학습법이 파닉스다.

유아 영어에서는 소리와 문자를 연결 짓는 작업을 한다. 알파벳 26문자를 일반적으로 읽으면 A(에이) B(비) C(씨)……가 되지만, 파닉스 규칙에 따르면 a(애) b(브) c(크) d(드)와 같은 소리가 된다. 알파벳 한 문자의 소리를 익힌 후에는 두 문자의 소리로 넘어가는데, 모음에 자음을 붙여서 연습한다. 이것이 가능해지면 그 다음 단계로 세 문자의 단어를 읽게 되는데, 여기서 소리와 문자가 연결되어 '의미를 지닌 영어 단어'가 된다는 점을 알 수 있게 된다. 예를 들면 다음과 같다.

d + o + g = ㄷ + ㅗ + ㄱ → dog(독)

c + a + t = ㅋ + ㅐ + ㅌ → cat(캩)

물론 파닉스를 마스터했다고 해서 영어를 술술 읽을 수 있는 것은 아니다. 규칙을 따르는 소리는 75% 정도이기 때문이다. 나머지 25%는 불규칙 예외로 외우는 수밖에 방법이 없다. 하지만 75% 정도라면 아이들이 파닉스를 익혀서 스스로 영어를 읽을 수 있다는 기쁨을 맛보기에 부족함이 없다. 영어를 혼자 힘으로 읽고 영어 그림책을 읽을 수 있다는 자신감은 영어 공부에 대한 의욕을 높일 수 있다. 하지만 끊임없이 단어의 자음과 모음의 용법을 외워야 하는 과정에서 아이들의 흥미를 지속시키기가 어렵고, 글자를 읽을 수 있더라도 단어의 뜻과 문장을 이해하는 능력이 같이 발달되는 것은 아니라는 단점도 있다. 글은 읽되 글이 담고 있는 메시지를 파악하지 못한다면 진정한 읽기라 할 수 없다.

파닉스가 부분을 통해 전체를 읽을 수 있도록 하는 방법이라면 홀랭귀지Whole Language는 전체를 통해 부분을 파악하는 방법이라고 할 수 있다. 홀랭귀지는 그림책의 단어를 통으로 보면서 읽는 법을 자연스럽게 익히는 방법이다. 큰 범위에서 볼 때 홀랭귀지는 총체적 언어 교수법Whole language approach이라 할 수 있다. 이 방법은 문장에 쓰이는 단어 자체의 의미를 파악하는 데 중점을 두는 것으로 '전체에서 부분으로' 배워나가는 방법이다.

예를 들어 우리가 단어를 익힐 때를 생각해보자. "어? 천장에 벌레가 있어!"라고 말하며 자연스럽게 천장, 벌레가 갖는 의미를 익힌다. 이것이 바로 홀랭귀지 방법이며, 영어 그림책을 이용하는 학습법이 이에 해당된다 하겠다. 듣기, 읽기, 말하기, 쓰기 등을 따로 가르치는 것이 아니라 이야기를 통해서 자연스럽게 의미를 이해하고 다양한 활동을 통해 글자를 익힐 수 있도록 도와주는 것이다.

미국에서는 한 때 이 두 가지 방법에 대한 논쟁이 활발했다. 빨리 읽을 수 있게 되는 것은 파닉스지만 풍부한 감성으로 언어를 익히는 데에는 홀랭귀지 접근법이 유효하다는 것이다. 아직 논쟁이 계속되고 있지만 미국에서는 정치적인 압력도 작용하여 아이들의 읽기 능력을 단기간에 향상시킬 수 있는 파닉스가 교육 현장에서 인기를 얻고 있다.

하지만 내 경험상 처음부터 파닉스만 학습해서 책을 읽는 아이들은 별로 없었다. 많은 독서를 통해 자주 반복된 단어들을 흉내 내어 읽은 다음 파닉스의 규칙을 설명해줄 때 아이들의 이해도가 높아졌다. 그리고 모르는 단어가 나왔을 때, 자신이 알고 있는 소리에 파닉스의 규칙을 적용시켜 가며 더 많은 도움을 받았다.

따라서 무조건 파닉스의 규칙을 먼저 배우게 하는 것보다는 영어책을 통해 자주 글자에 노출시켜 주는 것이 좋다. 이후 아이가 충분히 내용을 인지하고 오디오 CD를 통해 비슷하게 읽기 시작하면 손가락으로 한 단어씩 짚으면서 단어를 흉내 내게 한다. 이때의 책들은 단순한 문장이 반복되기 때문에 큰 어려움 없이 따라할 수 있다. 이런 과정들을 진행하다 보면 책 속에서 자주 반복되는 단어이긴 하지만 파닉스 규칙에는 잘 맞지 않는 단어들이 나타나기 시작한다. 예를 들면 the, and, you, to, like, is, it, with 등이다. 이러한 글자를 바로 사이트 워드Sight Word라고 부른다.

사이트 워드로 읽기에 날개를 달자

사이트 워드는 1937년 에드워드 윌리엄 돌치Edward William Dolch 박사가 만든 220개의 단어 리스트와 관련이 깊다. 돌치Dolch 박사는 영어에서 가장 많이 나오는 단어를 중심으로 리스트를 구성하여 이 단어들만 알아두면 50~70%의 리딩을 할 수 있다고 주장했다. 만든 지 오래되어 현재는 많은 단어들이 수정, 보완되었고 명칭 또한 돌치 워드Dolch word에서 사이트 워드Sight word, 또는 하이 프리퀀시 워드High frequency word(빈도수가 높은 어휘)로 바뀌었다.

사이트 워드는 단어 자체를 하나의 이미지로 인식해 카메라 렌즈에 잔상이 찍히듯, 보는 즉시 반사적으로 말할 수 있도록 체화시켜야 하는 필수 단어들이다. 파닉스Phonics 규칙을 따르지 않기 때문에 초기 리딩 단계에서 매우 유용한 리스트라 할 수 있다.

사이트 워드를 학습할 때는 해당 단어를 자주 노출시켜 반복해야 자연스럽게 습득할 수 있다. 이를 위해 단어 카드를 이용하거나 단어 리스트를 만들어 처음부터 끝까지 읽어가도록 한다. 이때 초시계를 이용해 시간을 재어보자. 두 번째 읽을 때는 처음보다 시간을 단축시키는 것을 목표로 하는 것도 좋은 방법이다. 이렇게 여러 번 반복하다 보면 어느새 사이트 워드를 익힐 수 있다. 단, 이때에도 책 읽기를 병행해야 학습했던 단어를 바로 사용해

보며 기억을 지속시킬 수 있다. 스스로 읽을 수 있는 단어들이 늘어날수록 책읽기는 더 즐거워질 것이다.

알파벳으로 글자의 기본을 익히고, 파닉스를 통해 글자의 소리를 익힌 후, 사이트 워드를 더해 읽기에 날개를 달아주는 것이 영어 교육의 올바른 순서이다.

엄마들의 또 다른 고민 하나는 끊어 읽기이다. 영어 문장도 끊어 읽기를 잘못하면 "아버지 가방에 들어가신다."와 같이 이상한 문장이 될 수 있다.

올바르게 끊어 읽는 법을 익히는 가장 효과적인 방법은 영어를 듣고 따라 읽기Shadowing이다. 처음에는 혼자서 읽기보다는 원어민의 발음을 듣고 따라서 읽어보는 것이 좋다. 엄마가 연필로 끊어 읽을 부분을 구분지어 주는 것도 효과적이다. 흔히 연기를 잘못하는 배우를 두고 "교과서를 읽는다."고 표현하는데, 영어책을 읽을 때도 그냥 한 단어 한 단어 순서대로 읽으면 무슨 말인지 파악하기 힘들다. 반면 의미단위로 끊어서 읽으면 읽는 동시에 의미를 파악하기 쉽다.

그렇다고 의미단위로 끊어 읽기 위해 문장을 분석할 필요는 없다. 아이들은 오디오 CD에서 흘러나오는 원어민의 리듬과 억양을 그대로 따라하며 몸으로 익히기 때문이다. 이때 아이가 책 읽는 모습을 자주 동영상으로 촬영해주자. 아이는 자기의 영어책 읽는 소리를 원어민과 자연스레 비교하며 고쳐 나가게 될 것이고, 영어책을 읽었다는 자신감은 그 어떤 경험보다 강한 학습 동기를 부여해줄 것이다.

생활 속에서 수학을 찾아라

수학의 핵심은 생각하는 힘을 기르는 것

어른들이 어린아이들을 만나면 자연스럽게 묻는 것이 있다. "몇 살이야?" 말을 제대로 하지 못하는 아이들은 손가락을 펼쳐 자신의 나이를 알려준다. 이렇듯 우리는 아주 어릴 때부터 자연스럽게 수와 관련된 행동을 한다.

아이들은 자신의 손가락을 보며 자연스럽게 5까지의 수와 10까지의 수를 센다. 6, 7세가 되면 대부분 100까지의 숫자를 거침없이 말할 수 있게 된다. 이때의 아이들은 수학이 싫거나 어렵다고 느끼지 않는다. 오히려 재미있는 놀이라고 생각한다.

우리가 꾸준히 학습을 해야 하는 이유는 필요한 정보를 찾고, 주어진 문제를 효과적으로 해결하는 논리적인 사고력을 기르기 위해서다. 즉 우리 아이들이 배워야 할 것은 단순한 지식이나 정보가 아니라 문제해결 능력과 추론 능력인데, 이를 가장 효과적으로 배울 수 있는 것이 바로 수학이다.

수학을 배우는 이유는 생각하는 힘을 기르기 위해서다. 피아제는 '논리적 사고력'은 단기간에 형성되는 것이 아니라 영유아기부터 점진적으로 발달한다고 말한다. 영유아기의 수학적 경험을 통해 논리적, 추상적, 창의적, 비판적인 사고력과 기호화하고 형식화하는 능력 등을 기를 수 있다. 따라서 이 시기 수학적 경험은 육아에서 결코 소홀할 수 없는 부분이다.

이 시기 아이들은 일상생활 속에서 자신이 처한 문제 상황을 스스로 해결해보는 과정을 통해 문제해결 능력을 발전시킨다. 보통 3세는 눈에 보이는 구체적 물체를 탐색하고, 4~5세는 목적에 따라 물체를 분류하며, 5세 이후에는 탐색, 발견, 문제해결 등이 가능하므로 연령에 따른 적합한 수학 활동의 기회를 제공해주는 것이 좋다. 또한 실생활에서 게임, 요리, 미술 활동 등 다양한 형태로 수학 활동을 경험할 때 수학에 대한 관심이 높아진다.

유아 수학에서 부모의 가장 중요한 역할은 문제의 정답을 알려주는 것이 아니라 아이가 스스로 말할 수 있는 기회를 최대한 많이 주는 것이다. 왜 그런 답을 내게 되었는지 아이가 추론하고 답할 수 있도록 하기 위해서다. 또한 자신의 생각을 다른 사람에게 설명할 수 있도록 하는 것이 좋다. 그래야 아이의 머릿속에 개념이 논리적으로 정리되며 이른바 '사고력'을 키울 수 있게 된다.

생활 속에서 문득문득 접하게 되는 수학적 개념을 찾아내는 것, 세상 모든 것들에 수학적 개념이 숨어 있다는 사실을 알아내는 것, 그리하여 내 생활과 수학은 동떨어진 것이 아니라 밀착되어 있다는 것을 자연스럽게 이해하게 되면 수학은 더 이상 문제집 속의 죽은 공부가 아니라 내 곁에서 펄펄 살아 숨 쉬는 즐거운 놀이가 될 것이다.

수학에 흥미와 자신감을 심어주자

2009 개정 교육과정 적용 시기에 맞추어 2012년 수학교육 선진화 방안의 하나로 '쉽게 이해하고 재미있게 배우는 수학'을 모토로 스토리텔링이 도입되었다. 스토리텔링 수학이란 우리가 알고 있는 동화, 생활 속 경험, 과학적인 사실을 수학과 접목시킨 것이다.

예를 들어, 1학년 교과서 길이재기 영역에서는 동화《벌거벗은 임금님》을 이용해 직접 임금님의 옷을 재단해보는 방식으로 수업이 진행된다. 또한 내가 사용하는 생활 속의 물건들을 직접 재어 보면서 길이에 대한 감각을 익힌다.

새롭게 개정된 초등학교 1학년 수학 과정을 한번 살펴보자. 초등학교에 입학해서 처음으로 배우는 수학 교과서는 1~5까지의 수를 세어 보는 것으로 시작한다.

예컨대, 1-일-하나-첫째. 그리고 더 많은 것과 더 적은 것의 의미를 알려주고 '0'이라는 개념도 알려준다. 5까지의 수 개념이 끝나면 9까지의 수를 알려주고 1큰 수와 1작은 수의 의미를 알려준다. 더불어 크다, 작다의 개념을 알려주고 두 수의 크기를 비교하게 한다. 상자 모양, 둥근기둥 모양, 공 모양 등 여러 가지 모양을 이용하여 덧셈과 뺄셈도 알려준다. 이때의 더하기와 빼기는 9를 넘지 않는다.

이후 길다/짧다, 크다/작다, 무겁다/가볍다, 넓다/좁다, 많다/적다 등의 비교하기를 알려준다. 10개를 하나의 묶음으로 만들어 50까지 수를 알아가는 과정까지가 1학기 학습 분량이다.

2학기에는 100까지의 수, 네모, 동그라미, 세모의 모양, 시계보기, 가르기와 모으기를 통한 덧셈, 뺄셈식 만들기, 수 배열을 통한 규칙 찾기를 학습한다.

여기에서 이렇듯 자세하게 교과서의 목차를 살펴보는 이유는 미리 겁먹고 준비시키지 않아도 된다는 것을 강조하기 위해서다. 대부분 처음 수학을 접하는 연령은 4세 전후이다. 이 시기는 눈에 보이는 구체물을 이용하지 않고는 수의 개념을 이해할 수 없다. 때문에 다음수라는 개념을 통해 수의 배열을 가르치며 더하기, 빼기로 연결시킨다. 1+1=2 라는 더하기를 1→(다음 수) 2이므로 2가 되고 2+3= 2→→→ 5이므로 정답은 5가 된다는 식으로 가르치는 것이다. 빼기는 그 반대로 가르치면 된다.

구체물이 필요한 이때의 아이들은 손가락, 발가락을 이용해 더하기의 답을 구하려 애쓴다. 하지만 아무리 생각해 보아도 17 더하기 2가 얼마큼인지 가늠이 안 되기 때문에 쉽게 답을 구하기 어렵다. 이때 다음수의 개념을 이용하면 17→→ 19로 쉽게 설명할 수 있다. 숫자가 커질수록 손가락을 이용한 덧셈에는 한계가 있지만 다음수 개념으로는 막힐 것이 없다. 다음수를 이용한 학습법은 순창, 역창에서 좀 더 다루기로 하자.

피아제의 인지발달 이론에서는 사물에 대한 개념이 형성되고 논리, 사고력이 생기기 시작하는 구체적 조작기를 7세 이후로 보고 있다. 따라서 아동기 수학은 본격적인 초등 수학 학습의 기초를 형성하는 단계로 수학적 태도, 흥미, 자신감을 길러주는 시기로 생각하는 것이 좋다. 수 경험을 일찍 시키는 것은 중요하지만 구체적인 사고를 하는 시기에 추상적인 숫자, 개념 중심의 교육은 오히려 흥미를 잃게 한다. 그러므로 구체물이나 교구를 이용해 조작하면서 아이들의 사고를 발전시켜주는 것이 좋다.

따라서 이 시기에는 저학년 교과서를 미리 풀어보게 하거나 선행학습을 시키기 보다는 수와 관련된 전반적인 활동을 구체적인 활동을 통해 해보게 하는 것이 중요하다. 초등 수학과 연계되는 활동으로는 규칙 찾기, 분류하기, 비교하기, 가르기/모으기가 있다.

규칙 찾기는 패턴 연습에 해당된다. 쿵쿵짝! 쿵쿵짝!, 쿵짝! 쿵짝! 리듬을 타며 온몸으로 패턴을 느끼게 하거나, 장난감 도장을 사용하여 일정한 패턴을 만들어 볼 수도 있다. 놀이를 통해 일정한 간격으로 반복되는 규칙을 발견하게 만들어 주는 것이다.

비교하기는 수학의 측정 단원에서 중요하다. 특히 도형과 측정에서는 어휘가 중요하다. 비교하는 어휘를 늘리기 위해서는 아이와 함께 직접 길이를 잴 수 있는 놀이를 하면 좋다. 예를 들어, 아이의 걸음과 아빠의 걸음을 비교해서 직접 길이를 재어 보면 좋다. 가족들의 손발 크기 비교, 큰 잔과 작은 잔의 부피 측정, 시소 놀이를 통한 무게 측정 등 실생활에서 적용해볼 만한 것들이 많이 있다.

분류하기는 집합 단원과 관련 있는데, 모든 수학 분야의 기초가 된다. 아이와 함께 하는 분류하기 연습은 가족 구성원을 대상으로 하는 것이 좋다. 우리 집 가족은 남자 몇 명? 여자 몇 명? 생일이 3월인 사람이 몇 명? 등의 질문을 해보는 것이다. 과일가게에서 과일을 분류해보는 놀이 또한 아이들이 좋아하는 활동 중 하나이다.

가르기와 모으기는 검은색, 흰색으로 나누어진 바둑돌을 이용해 합치거나 나누어보며 연산 놀이에 응용할 수 있다.

놀이를 통한 수학 공부의 중요성

수학자이며 심리학자인 디너스Dienes는 일찍이 놀이를 통한 수학 공부의 중요성을 역설하였다. 아이들은 놀이와 게임으로 수학을 접할 때 더욱 흥미를 갖고 자발적인 학습 동기에 의해 수학을 공부한다. 이것이 수학적인 상황 놀이를 통해 조직된 학습으로 발전하고, 또 수학적 구조의 구성과 그 구조를 응용한 학습 과정을 통해 수학적 사고가 완성된다고 하였다.

직접 수학 놀이 프로그램을 만드는 것이 어렵다면 시중에서 쉽게 구할 수 있는 보드게임을 이용해도 좋다. 아무리 난이도가 쉬운 보드게임이라 하더라도 게임을 즐기기 위해서는 반드시 지켜야 할 수학적인 룰이 존재한다. 또한 게임에서 승자가 되기 위해 전략적 사고를 해야 하기 때문에 자연스럽게 논리력과 사고력도 키워진다.

잘 알려진 '루미큐브'는 훌라 게임과 비슷한 보드게임인데 난이도가 쉬운 편이라 대여섯 살 아이도 즐길 수 있다. 숫자를 조합하는 과정에서 수 개념을 익히게 된다.

'할리갈리'는 돌아가면서 카드를 한 장씩 뒤집다가 같은 과일이 5개 나오면 종을 치고 다른 사람의 카드를 모두 가져가는 놀이다. 어린아이들도 이해하기 쉬워 재미있게 즐길 수 있는 게임으로 손꼽힌다.

도안을 따라 두께감 있는 색도화지를 오려 즉석에서 만들 수 있는 칠교도 많은 수학자들이 추천하는 놀이다. 칠교는 정사각형을 7개 조각으로 나눈 형태인데 직각삼각형 큰 것 2개, 중간 크기 1개, 작은 것 2개, 정사각형과 평행사변형 각 1개씩으로 구성되어 인물, 동물, 식물, 건축물, 지형, 글자 등 온갖 사물을 만들며 노는 놀이이다.

수학을 잘 하기 위해서는 계산 문제 하나 푸는 것보다는 생활 속에서 궁금증을 일깨우고 어떻게 해결할지 아이들의 생각을 이끌어내는 것이 중요하다. 다시 말해 수학이라는 추상적인 개념을 생활 속으로 끌어들이는 작업이 더 중요한 것이다.

이 시기는 수학에 대한 흥미와 태도를 형성하는 결정적인 시기이다. 따라서 결과보다는 과정에 중점을 두고 과정 속에서 스스로 결과를 도출해 낼 수 있도록 자료들을 제공해 즐거움과 자신감을 갖게 하는 것이 좋다. 이처럼 아동기 수학 교육의 목표는 수학에 대한 긍정적인 태도를 형성하게 도와주는 것이라 할 수 있다.

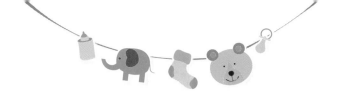

구체물 보여주며 수 익히기

수 세기 능력과 유아의 수학 능력

아이들이 어릴수록 수를 몇까지 셀 수 있느냐는 또래집단에서 서열이 정해지는 방법 중 하나다. 누군가 "나는 10까지 셀 수 있어."라고 말하면 여기저기서 더 많은 수를 이야기하고 어느새 1부터 수를 세어가며 자기가 알고 있는 수를 알려주고 싶어 안달이 난다.

보통 수 세기는 2세를 전후하여 수 단어를 익힘으로 시작되며 이후 여러 해 동안 수 단어를 익히고 확장시키면서 수 세기의 여러 방법들을 터득하게 된다. 유아의 수 세기 활동은 오랫동안 유아 수학 교육에서 기초적이며 필수적인 단계로 인식되어 왔다. 수 세기는 유아가 획득하는 최초의 형식적인 계산 체계로서 물체의 양을 측정할 때 전체에 대한 양적 판단을 가능케 하는 기초적인 역할을 담당한다.

2007 개정된 유치원 교육과정의 탐구생활 영역에서는 수의 기초 개념에 대한 부분을 '수 감각 기르기'의 내용으로 제시하고 있다. I 수준에서는 주변의 물체를 10까지 세고 숫자와 연결해볼 수 있도록 하며, II 수준에서는 10 이상의 큰 수를 접할 수 있도록 하고 있다. 그리고 구체물을 가지고 더하거나 빼는 경험을 통해 덧셈과 뺄셈의 기초를 형성하도록 하고 있다.

유아가 수를 인식하고 수의 개념을 획득하는 것은 사회구성원이 되기 위한 복잡한 과정 중의 하나이다. 우리는 일상생활에서 알게 모르게 수와 밀접한 관계를 맺으며 살아가기 때문이다. 생활 속에서 이루어지는 수 세기 활동은 유아들에게 논리-수학적 사고를 할 수 있는 보다 많은 기회를 제공한다. 이 시기는 수 세기 능력이 수학 능력과 수학 학습 잠재력에 미치는 영향이 무척 크기 때문에 적절한 수학 교육이 절실히 요구된다.

연령별 수 세기

만 3세는 다양하고 복잡한 수학적 탐구가 가능한 시기이다. 수 단어를 익히고 물체의 개수를 1~4까지 셀 수 있다. 또한 마지막으로 센 수 단어가 물체 전체의 양임을 의미하는 기수의 원리를 이해하게 되며 물체를 직접 세지 않고도 몇 개인지 가늠할 수 있게 된다.

만 4세 유아는 자발적으로 수 단어 세기를 즐기며, 30까지는 연속적으로 셀 수 있게 된다. 이러한 수 단어 세기의 경험을 통해 하나부터 아홉까지 반복되는 규칙을 점차 이해하게 된다. 뿐만 아니라 하나가 아닌 수부터도 셀 수 있게 되어 계속 세기가 가능하고 5에서 거꾸로도 세어 내려갈 수도 있다. 물체는 열 개 정도를 셀 수 있으며, 다섯 개의 물체까지는 직접 세어보지 않고도 한 묶음으로 가늠하여 수 세기가 가능해진다. 또한 간단한 더하기, 빼기를 구체물을 사용하여 해결할 수 있을 뿐 아니라 열 개까지의 수량을 두 사람에게 동등하게 나누어 줄 수 있다.

만 5세 유아는 1~100까지 수 단어 체계를 이해할 수 있게 되어서 하나부터 아홉까지 반복되는 단위 목록과 십 단위 이름의 규칙성(이십, 삼십……)을 활용하여 제법 큰 수까지 셀 수 있게 된다. 또한 계속 세기, 거꾸로 세기, 묶어 세기 등의 다양한 수 세기 전략이 가능하며, 이러한 수 세기 전략을 더하기와 빼기에 활용하여 언어적으로 나타내는 문장제 문제를 해결할 수 있다. 따라서 본격적으로 수학을 학습하기 시작하는 연령이기도 하다.

생활 속에서 찾을 수 있는 수 세기

부모가 아이와 계단을 오르내릴 때마다 한 계단씩 "1, 2, 3⋯⋯" 세다 보면 한동안은 그 말의 의미를 이해하지 못하던 아이가 금세 "1, 2, 3⋯⋯"하며 따라 세게 된다. 목욕을 시킬 때 욕조에 물을 받아 몸을 담그게 하고 "열까지 세면 밖으로 나오는 거야."라고 한 다음 엄마가 같이 열까지 세어주는 것도 좋은 방법이다. 간식으로 과자를 먹을 때도 "아빠는 세 개, 엄마도 세 개, 형아 두 개, 너도 두 개. 다 합쳐서 1, 2, 3⋯⋯. 10개가 되네." 이렇게 티를 내지 않고 가르치는 것이 좋다.

아이는 4~5세만 되어도 10까지는 셀 줄 알고, 6세쯤 되면 100까지는 외워버린다. 10까지 말한 후 다음부터는 11, 21, 31⋯⋯의 규칙성을 파악하게 되고, 100까지는 쉽게 셀 수 있게 된다. 이때 재미있는 생활 놀이를 통해 즐겁게 할 수 있는 경험과 기회를 제공해 주는 것이 중요하다.

유아들은 자신의 생활 속에서 형식적 또는 비형식적으로 수와 관련된 경험을 하고 있다. 유아의 수학 능력은 놀잇감을 나누어 갖거나 친구들과 간식의 개수를 헤아리는 등 자연스러운 상황에서 발현된다. 따라서 이것이 유아 수학 교육의 출발점이라고 볼 수 있다. 예를 들어, 생일 케이크에 자신의 나이만큼 초를 꽂아 보기, 게임 순서 정하기, 자기 집 전화번호 알아보기 등을 통해 수 세기, 순서 짓기, 명명하기 등을 경험할 수 있다. 이렇듯 유아기에 생활 속에서 초등학교 때 나오는 수학 개념이나 원리를 체득하게 되면 나중에 해당 개념과 원리를 보다 정확히 이해하고 응용문제가 나오더라도 쉽게 접근할 수 있다.

아이가 한글을 읽을 줄 알거나 수를 열까지 셀 수 있다면 수학 활동을 시작할 수 있다. 그러나 단순히 숫자를 정확히 읽거나 쓰고 간단한 셈을 하는 것을 수학 활동이라고 볼 수 없다. 숫자를 일찍 읽고 쓴다고 해서 수학에 재능이 있는 것은 아니라는 말이다. 숫자를 배우는 것과 수 체계를 이해하는 것은 매우 다르다. 따라서 생활 속에서 개수를 나타내는 것뿐 아니라 시계 읽기, 단위 등 수를 사용하는 다양한 상황이 있고 상황에 따라 수를 읽는 방법도 달라진다는 것을 자연스럽게 체득할 수 있게 해야 한다.

예를 들어 강아지 2마리, 아파트 2층, 연필 2개 등 숫자로 표기할 때는 모두 2이지만 뒤에 어떤 말이 붙느냐에 따라 읽는 방법이

다르다. 그러므로 수 개념이 바로 설 수 있도록 평상시에 부모가 수를 바르게 읽으며 올바른 모델 역할을 해줘야 한다. 아이가 잘못 읽었을 때는 틀린 것을 알려주기보다 제대로 된 표현으로 고쳐서 다시 말해주는 것이 좋다.

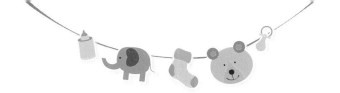

계속 세기와 거꾸로 세기

거꾸로 세기의 중요성

계속 세기란 1부터 20까지의 수를 셀 때 1, 2, 3, 4, 5……처럼 수의 순서대로 세어보는 것이고, 거꾸로 세기란 20, 19, 18, 17, 16, 15……와 같이 수를 거꾸로 세어보는 것이다. 대부분의 아이들이 계속 세기로 수를 셀 때는 별 어려움을 느끼지 못하다가 거꾸로 세기로 수를 셀 때는 어려워하는 경우가 많다. 거꾸로 세기 연습을 별로 하지 않았기 때문이다.

거꾸로 세기는 수학의 모든 영역에 영향을 미치는 중요한 활동으로 유아 수학 교육에 있어서 매우 중요하다. 거꾸로 세기는 유아가 수의 상징을 인식하고, 일대일 대응이나 계속 세기를 학습한 이후의 단계이다. 다른 수 세기 활동보다 난이도가 있으나, 수 개념을 익히고 연산 중 빼기의 기초가 되는 매우 중요한 활동이므로 소홀히 해서는 안 된다.

계속 세기와 100칸이 그려진 종이 한 장의 효과

구체물을 보며 하나, 둘, 셋……을 연습하던 아이들은 자연스럽게 10, 20, 30까지의 수를 외우듯이 순서를 익히게 된다. 실생활에서 30까지의 수는 자주 이용할 수 있다. 한 달이 30일이니 매일 오늘의 날짜를 따라가 보게 하는 것도 좋다.

30보다 큰 수는 생각보다 어려워한다. 실제로 적용할 기회가 없기 때문이다. 이때는 종이 한 장을 준비하자. 10칸 국어노트를 준비해도 좋고, 종이 한 장에 10×10의 100칸이 그려진 종이면 더 좋다. 경험상 커다란 종이에 100칸을 그려 넣는 경우, 아이가 어릴수록 더 효과적이었다.

아이가 숫자를 적을 수 있을 정도로 손에 힘이 생겼다면 아이가 직접 적게 하고, 그렇지 않은 경우는 엄마가 적어주어도 좋다. 직접 적든, 엄마가 적든 아이가 적는 숫자를 불러보게 한다. 1부터 10까지의 수를 불러보며 적고 줄을 바꾼 후 11부터 20까지의 수를 적는다. 이렇게 30까지 적어가면 대부분의 아이들은 수의 규칙을 파악하고 이후의 수도 자연스럽게 적어갈 수 있다. 이때 살짝 힌트를 주면 좋다. "22 다음에 23이 왔으니 32 다음에는 어떤 수가 올까?" 하고 말이다. 이후 40부터 100까지는 엄마가 도와주지 않아도 아이가 규칙을 적용해보며 계속 세기를 완성할 수 있다. 100 이후의 계속 세기 역시 엄마가 먼저 시범을 보이면 아이는 어느새 1,000까지의 수도 셀 수 있게 된다.

재미있게 시작한 계속 세기가 익숙해지면 난이도를 높여보자. 우선 한 칸씩 건너뛰며 100까지 계속 세기를 진행해보자. 이것이 익숙해지면 두 칸씩 건너뛰며 세어 보게 한다. 아이와 엄마가 번갈아 계속 세기를 하는 것도 좋다. 아이가 1, 엄마가 2, 다시 아이가 3, 엄마가 4⋯⋯. 아이는 엄마와의 놀이를 통해 1, 3, 5, 7⋯⋯ 또는 순서를 바꿔 2, 4, 6, 8⋯⋯을 세어가면서 더하기 2를 완성한다.

$$1+2=\square , \ 3+2=\square , \ 5+2=\square$$

세 칸 뛰어 세기로 넘어가기 전에 두 칸 뛰어 세기 연습을 좀 더

해보자. 1부터 시작해 두 칸씩 뛰어 세는 것이다. 항상 아이가 먼저 시작하게 하고 엄마가 다음수를 말해서 시범을 보여주는 게 좋다.

아이가 1, 엄마가 3, 아이가 5, 엄마가 7······.

2부터 시작해 두 칸씩 건너뛸 때는 아이가 2, 엄마가 4, 아이 6, 엄마가 8······.

이 방법이 익숙해지면 수의 중간부터 건너뛸 수도 있다. "오늘은 엄마랑 24부터 2씩 뛰어 세기 해볼까?"

아이가 24, 엄마 26, 아이 28, 엄마 30······.

2씩 뛰어 세기가 익숙해지면 5씩 뛰어 세기로 가보자. 5, 10, 15등 5씩 많아지는 숫자들은 3이나 4씩 뛰는 숫자보다 훨씬 친숙하고 익히기 쉽다. 이는 시계보기와 연관해 설명할 수 있으니 일석 이조의 효과를 볼 수 있다. 이런 과정들을 통해 아이들은 큰 수에 대한 거부감이 없어진다. 그리고 수학을 재미있는 놀이로 인식하게 된다.

그러나 이런 수 체계가 완성되지 못한 상태에서 수학을 시작하면 간단한 더하기 셈을 할 때도 자기 신체를 이용해야 답을 찾아낼 수 있다. 신체를 활용할 수 없는 큰 수가 나왔을 때는 포기하거나 종이 귀퉁이에 구체물을 연상시킬 수 있는 기호를 적어가며 어렵게 문제를 푼다. 이렇게 하면 문제를 푸는 데 시간이 많이 소요되기 때문에 수학은 힘들고 싫은 과목이 되고 만다.

거꾸로 세기는 뺄셈의 기초

계속 세기를 통해 덧셈과의 연관성과 요령을 알아보았으니 이제 거꾸로 세기로 들어가자. 거꾸로 세기는 뺄셈의 기초가 된다. 계속 세기로 익숙해진 아이라고 하더라도 처음 거꾸로 세기를 배울 때는 어려워한다. 그러니 본격적으로 거꾸로 세기로 들어가기 전에 먼저 '~ 앞의 수', 또는 '~보다 하나 작은 수'를 해보며 개념을 잡아주는 것이 좋다. 예를 들어 "5 앞의 수는 뭘까?", "5보다 하나 작은 수는?" 등의 연습 과정을 거친 후, 계속 세기처럼 10부터 거꾸로 세어보기를 시작한다. 익숙해지면 30부터 거꾸로 세어보기를 해보는 등 난이도를 조절하며 연습한다. 이후 요령은 계속 세기와 같다.

거꾸로 세기가 익숙해졌다면 뛰어 세기를 통해 빼기를 연습한다. 이때도 엄마와 놀이를 통해 익히게 해주는 것이 좋다. 모든 공부가 그렇지만 수학처럼 기초학습이 중요한 것도 없다. 지금 하고 있는 계속 세기가 덧셈과 곱셈으로 연계되고 거꾸로 세기가 뺄셈과 나눗셈으로 연계되니 탄탄한 기본 만들기에 엄마가 즐겁게 동참해주자. 그리고 아이들에게 이야기해주자. "이건 초등학교 1학년 형아들이 공부하는 거야."라고. 아이는 '초등학교 수학도 별로 어렵지 않구나.'라고 생각할 것이다.

유아의 학습에 있어서 정답은 없다. 기존의 학습법은 단지 평균적인 학습 과정을 알려주는 방법들일 뿐이다. 따라서 이를 바탕으로 내 아이에게 맞는 방법을 개발할 필요가 있다.

예를 들어 아이가 수의 규칙성을 어려워할 때는 100칸 숫자 칸을 통해 좀 더 다양한 놀이를 진행하면 좋다. 만약 뛰어 세기를 어려워하면 100칸 숫자 칸을 채운 후 2씩 뛰는 수에 동그라미하며 규칙성을 직접 눈으로 보여주는 것이 좋다. '~보다 1 큰 수'가 왜 더하기 1과 같은지를 이해할 수 없다면 구체물을 직접 보여주며 수를 세어 보게 하는 것이 효과적이다.

학습 순서 역시 마찬가지다. 계속 세기를 하는 동시에 거꾸로 세기를 연습할 수도 있고, 2씩 뛰어 세기보다 5씩 뛰어 세기를 먼저 해도 된다. 학습 순서에 상관없이 아이가 궁금해 하거나 원하는 방법으로 한걸음씩 나아가면 된다.

내 아이는 숫자만 세고 있는데 옆집 아이는 더하기를 한다고 조급해하진 말자. 조급한 마음에 손가락을 이용해서 덧셈, 뺄셈을 가르치기보다는 수를 이용해서 자유롭게 조합할 수 있는 역량을 만들어주는 것이 이 시기 아이들에게 더 필요하다.

내 아이의 첫 악기

창의력과 감수성을 키워주는 악기 교육

내 아이의 첫 사교육으로 선택한 것은 문화센터의 음악놀이 수업이었다. 엄마와 단둘이 보내는 시간이 많아 아이의 사회성도 조금씩 걱정이 됐고, 종일 놀아 주는 것이 버겁게 느껴지던 18개월쯤의 일이다. 아이랑 집 근처 문화센터에 일주일에 한 번 나들이 삼아 다녔던 음악놀이 수업은 2년쯤 지나 마지막 단계까지 이수하게 되었다. 이수 후 자연스럽게 피아노 학원으로 연계되는 것이 일반적이나 피아노 건반을 두드리고 악보를 보기에는 너무 이르다는 생각이 들어 피아노를 시작하는 시기를 만 5세로 잡았다. 그때부터 시작한 피아노 레슨은 아직까지 지속되고 있다. 아이는 여전히 피아노 연주를 즐긴다. 물론 그동안 다른 악기들도 접해 보았지만 피아노만큼 애정을 갖고 지속하지는 못했다. 어느덧 아이는 속상하거나 기쁠 때 피아노를 연주하며 자신의 감정을 다스리는 수준까지 올라와 있다.

보통의 엄마들이 처음으로 선택하는 아이들의 교육은 음악 교육이 아닐까 싶다. "음악이 두뇌 발달, 창의성 발달에 좋다."는 연구 결과가 아니더라도 좋은 음악을 들으면 누구나 기분이 좋아지는 자연스러운 본능 때문이다. 따라서 유리드믹스, 아마데우스, 뮤직카튼, 오르프, 킨더뮤직 등 이름도 다양한 유아음악 교육이 문화센터의 최고 인기강좌가 되는 것은 예나 지금이나 마찬가지다.

전문가들에 따르면 어려서 음악 교육, 특히 악기를 배우게 되면 좌·우뇌가 고르게 발달돼 음악뿐 아니라 수학적 사고력도 키워준다고 한다. 몇 년 전 하버드 대학에서 발표된 연구 결과도 이를 뒷받침해준다. 연구에 따르면 피아노 혹은 현악기를 최소한 3년 이상 배운 8~11세 어린이는 어떤 악기도 배우지 않은 경우에 비해 어휘력과 추리력 점수가 더 높았다.

창의적인 사고와 풍부한 감수성을 키워주는 데도 악기 교육만큼 좋은 게 없다. 뿐만 아니라 연습 과정을 거치며 집중력과 끈기, 인내심까지 기를 수 있다. 악기 교육을 통해 쌓은 내공은 친구나 대인관계를 원활하게 해주는 자신감과 자존감, 자기표현력, 문제 해결력에도 긍정적인 영향을 준다. 특히 악기는 사춘기의 정서적 불안과 스트레스를 풀어주는 데도 좋은 역할을 한다는 것이 전문 가들의 의견이다.

모차르트의 음악을 듣기만 해도 머리가 좋아진다는 '모차르트 효과'는 과학적 근거와 함께 널리 알려져 있다. 아인슈타인, 에디 슨 등 유명한 과학자와 의사 중에 음악성이 뛰어난 사람이 많다는 사실 역시 음악 교육이 뇌 발달과 밀접한 연관이 있음을 보여주는 사례로 꼽을 수 있다. 실제로 유아기에 듣는 음악은 좌뇌와 우뇌 를 이어주는 다리 역할을 하는 뇌량을 발달시켜 양쪽 뇌를 활발하 게 사용하는 데 도움이 된다고 한다.

음악을 이해하는 역할을 하는 우뇌는 10세 미만까지만 열려 있 기 때문에 어려서 접한 음악이 아이에게 지대한 영향을 미치는 것 은 당연하다. 좋은 음악을 듣고 악기를 연주하는 동안에는 아이의 두뇌가 안정되어 학습 능력이나 집중력이 향상되는 것은 물론 심 리적으로 안정감을 느껴 사회성 발달에도 도움이 된다.

음악 교육은 음악을 듣고 즐거워하는 것에서 시작해 악기를 연 주하는 단계로 발전하는 것이 좋다.

본격적인 악기 교육은 6~7세에 시작하자

하지만 악기 교육이 좋다고 해도 무턱대고 시작할 수는 없다. 일반적으로 악기의 특성이나 아이의 성향에 따라 악기를 배울 수 있는 적기가 따로 있기 때문이다. 악기를 다루려면 손가락과 팔 등 소근육을 사용해야 하기 때문에 너무 어린 아이가 하기에는 무리가 있다. 때문에 악기 교육을 시작하는 시기는 6~7세가 적당하다는 의견이 대세를 이룬다. 이때도 기본적인 음악 교육이 선행된 후에 악기 교육을 병행하는 것이 좋다.

유아기에는 본격적으로 악기를 접하기 전 다양한 음악 활동으로 기초 음악 교육을 시작하는 것이 좋다. 이 시기는 자유롭게 언어표현이 가능하고 듣기 능력이 발달하기 때문에 음악적 옹알이를 통해 나름대로 노래를 부를 수도 있다. 처음에는 노랫말의 소리 패턴에 주목하고 모방하다가 그 후에는 리듬 패턴을 모방하기도 한다. 음의 기본적인 개념을 알고 음정을 정확히 표현할 수 있으며 박자에 맞추어 율동을 할 수 있는 능력도 생긴다.

이때는 노래를 듣고 따라 부르는 것과 동시에 다양한 신체 활동을 통해 익히고 상상력을 키우는 것이 좋다. 어린이 음악 교실이 인기를 모으는 이유가 바로 이 때문인데, 무엇을 배운다기보다는 아이가 엄마와 함께 음악을 놀이로 즐김으로써 아이에게 음악을 친숙하게 만들어주는 것이 중요하기 때문이다. 그다음에는 타악기로 본격적인 악기 교육을 시작하는 것이 좋다. 유아기 아이들이 직접 눈과 귀, 몸으로 박자를 맞추고 리듬을 배우는 데는 타악기나 리듬악기가 적당하다. 이는 피아노나 바이올린처럼 어려운 악기를 접하기 전에 꼭 필요한 단계이다.

물론 아이의 습득 능력에 따라 악기 교육을 시작하는 시기가 달라질 수 있지만 제대로 된 악기 교육은 만 4세 이후를 권장한다 .

아이가 원하는 악기 선택

악기를 접하는 시기 못지않게 중요한 것이 악기 선택이다. 모든 전문가들이 입을 모아 말하듯 '아이가 원하는 악기를 선택하는 것'이 핵심이다. 7세 이전 최대한 다양한 악기를 접하게 하는 것이 좋다.

유아기 때에는 다양한 음악을 들려주는 것이 좋다. 특히 클래식 음악은 자연에 가장 가까운 소리를 내므로 아이의 감각을 자극하고 정서적 안정을 준다. 그리고 여러 악기가 어우러져 장엄하고 웅장한 느낌의 음색, 잔잔하고 조용한 음색 등 폭넓은 음을 접할 수 있다. 엄마가 아이와 함께 클래식을 듣다가 아이가 반응하는 음색을 잡아내면 보다 쉽게 아이가 원하는 악기를 선택할 수 있다.

대부분 아이가 흥미를 느끼는 음색과 악기는 자신의 성격과 비슷한 특성을 가진 경우가 많다. 때문에 아이의 성향이나 기질로 악기를 선택하는 것도 악기 선택의 한 방법이 될 수 있다. 자신과 비슷한 성향의 악기를 연주하면 아이는 생각이나 느낌을 자연스럽게 표현하는 법을 터득하게 된다. 반면에 아이의 성격과 반대되는 특성의 악기를 접하게 하여 부족한 감성을 보완할 수도 있지만, 오히려 음악을 싫어하게 되거나 악기 연주를 꺼리는 등의 역효과를 불러올 수 있으므로 주의해야 한다.

내성적인 아이들은 일반적으로 크고 시끄러운 소리를 싫어한다. 그래서 조용하고 부드러운 음색을 가진 악기를 고르게 되는데 차분하고 독립적인 아이라면 피아노를, 집중력이 높고 참을성이 많은 아이라면 바이올린이 적합하다. 외향적인 아이들은 활동적이라 여럿이 신나게 연주할 수 있는 악기를 선택하면 교육 효과가 커진다. 이런 경우 활동적인 연주가 가능한 타악기나 음량이 크고 묵직한 금관악기가 적당하다. 힘이 넘치고 주목받는 것을 좋아하는 아이라면 트럼펫, 행동이 부산하거나 자주 초조해하는 아이에게는 드럼이 적당하다. 아이의 기질과 악기 선택이 100% 정확하다고 볼 수는 없지만 참고하면 도움이 된다.

현명한 부모가 꼭 알아야할 대화법

1. 무엇보다 아이의 체면을 살려주라

체면이란 남을 대할 때 자신의 입장에서 이 정도는 지켜야 한다고 생각되는 모양새를 말한다. 자신의 치부는 자신이 제일 잘 아는 것으로 아이 역시 마찬가지다. 자신의 치부를 남에게 공격당했을 때 웬만큼 담대한 사람이 아니고는 상당한 마음의 상처를 입게 마련이다. 아이가 잘못된 행동을 보였을 때 잘못을 바로 지적하기 전에 아이의 체면을 먼저 살려주고 아이와 함께 해결책을 의논하자.

2. 적당히 말을 삼켜라

내말이 아이에게 잔소리가 되지 않게 하려면 사소한 습관이나 행동에 대한 말은 삼키고 중요한 것만 강조해서 내뱉는 현명함이 필요하다.

3. 대화의 적신호와 청신호를 놓치지 말라

아이가 보내는 무언의 메시지(몸짓, 표정, 습관, 눈 맞춤, 머뭇거림 등)를 잘 파악해야 아이와 엄마 모두 불필요한 고통의 시간을 보내지 않고, 서로 더 좋은 관계를 유지할 수 있다.

4. 숨은 이야기를 듣고 싶다면 퍼즐을 맞추라

아이의 말을 잘 듣기위해서는 먼저 '귀'를 활짝 열고 아이가 하는 말을 모두 주워들어야 한다. 그런 다음 '머리'로 그게 무슨 뜻인지를 재구성해 보고, 마지막으로 아이의 기분이 어떤지를 '가슴'으로 느껴야한다. 퍼즐 조각 같은 아이의 말 하나하나를 놓치지 않고 귀에 담았다가 전체 그림이 무엇인지 맞춰나가는 작업. 이 작업이 마무리 되었을 때야 비로소 지금 아이가 무슨 말이 하고 싶은 것인지 알 수 있다.

5. 아빠의 자리를 제대로 잡아주어라

아이가 초등학교 3~4학년만 되어도 엄마 혼자서 양육하기는 힘에 부친다. 아이의 관심사와 생활터전이 집이라는 공간을 넘어 학교, 학원, 또래모임까지 그 영역이 확대되기 때문이다. 사소한 일로 매일 갈등을 빚는 엄마와 달리 아빠는 중요한 일을 현명하게 결정하는 존재여야 한다. 그랬을 때 아이는 사춘기를 지나는 동안에도 반항하지 않고 부모에게 의견을 구하는 기특한 10대로 성장할 수 있다.

6. 잘못했을 때 미안하다는 말을 아끼지 말라

부모들은 아이들에게 완벽하고 힘 있는 어른으로 보이길 바란다. 그래서 자신의 실수를 인정하는 것이 곧 자신의 약함과 치부를 드러내는 것이라고 생각한다. 하지만 부모도 실수할 수 있다는 것을 인정하고 사과하는 과정에서 아이들은 더 많은 것을 배운다.

7. 협상의 기술을 배워라

협상은 실타래처럼 얽혀있는 갈등 속에서 원하는 것을 얻기 위해 생각하고 고민하는 일이다. 아이와의 협상에서 '관계를 깨뜨리지 않고 문제를 해결하는 것'이라는 원칙을 두고 부모와 아이 모두의 의견이 반영된 대안을 만들기 위한 협상의 기술을 배워야한다.

8. 당신의 감정을 꼭 이야기 해주라

부모가 자신의 감정을 아이에게 얼마나 잘 표현하느냐에 자녀교육의 성공여부가 달려있다. 아이의 잘못된 행동에 대해 '나'의 느낌만을 말하는 '나 - 메시지' 표현법으로 감정을 표현하되 감정적이 되지는 마라. 감정에 휘둘리지 않고 감정의 주인이 되야 아이와의 관계를 성공적으로 이끌수 있다.

9. 되도록 '입꼬리'를 올리고 '눈꼬리'를 내려라

심리학자들은 아이들이 부모와 눈을 마주칠 때 그 눈에 담긴 자신의 모습을 보고 그 모습대로 세상을 살아간다고 말한다. 부모가 얼굴을 찌푸릴 때 아이에게 세상은 회색빛이고, 환히 웃을 때 아이의 세상은 장밋빛이다. 그러므로 무엇보다 당신의 환하고 밝은 표정이 아이에게는 최고의 선물일 수도 있다.

10. 대화 시간을 확보하라

아이들이 자랄수록 부모와의 대화시간은 짧아질 수밖에 없다. 이때는 일주일에 한 번 가족회의를 하거나 휴대폰을 이용하는 등 부모와 아이 사이에 하고 싶은 말을 나눌 수 있는 여러 가지 수단을 이용해 적정한 대화시간을 확보하는 것이 좋다.

4장

초등 입학
준비 코칭

아이 스스로 책가방을 챙기는 것은 매우 중요하다. 독립심을 키우는 것은 물론이고 가방 싸는 과정을 통해 수업 받을 내용을 미리 인지하는 효과도 있다. 전날 밤 아이가 가방을 싸놓으면 시간표에 맞게 잘 챙겼는지 혹은 빠진 준비물은 없는지 엄마가 꼼꼼히 확인해주는 것이 좋다.

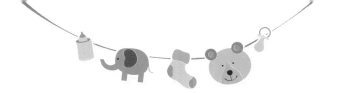

학교생활 적응의 첫걸음은
바른생활습관 들이기부터

생활리듬 만들어주기

내 아이의 초등학교 입학을 앞두고 가장 먼저 드는 걱정은 공부보다는 달라진 환경에 제대로 적응할 수 있을까 하는 것이다. 학교라는 새로운 환경에 아이가 잘 적응할 수 있을지 염려스럽다면 일단 생활습관을 바로 잡아주는 훈련부터 시작하는 것이 좋다. 훈련을 통해 바른 생활습관이 몸에 배이면 뭐든 스스로 할 줄 아는 아이로 자라 학교생활에 잘 적응할 수 있기 때문이다.

유치원의 등원시간은 대부분 오전 9시 30분까지이나 초등학교는 9시까지다. 담임선생님의 재량으로 10분 전 독서시간을 갖는 경우도 있으니 경우에 따라서는 좀 더 빨라질 수도 있다. 따라서 아침에 허둥대지 않고 준비하려면 아침 일찍 일어나는 습관을 들여야 한다. 세수하고 옷 입고 아침밥을 먹고 변보기까지 마무리하려면 적어도 7시 30분에서 8시 사이에는 일어나야 한다. 갑자기 아침기상 시간을 바꾸기는 힘들기 때문에 입학 한 달 전부터 10분에서 20분씩 기상 시간을 앞당기는 연습을 하고, 잠자리에 드는 시간은 밤 10시를 넘기지 않도록 한다.

만약 아이가 유치원에 다녀온 뒤 낮잠 자는 습관이 있다면 이것 역시 고쳐야 한다. 오후 수업 시간과 낮잠 시간이 맞물려 수업에 집중하지 못하고 힘들어 할 수 있기 때문이다.

초등학교는 유치원과는 달리 수업 시간과 쉬는 시간이 구분되어 있다. 화장실은 쉬는 시간 10분 안에 다녀와야 하는데 습관이 안 된 1학년 아이들에게 부담스러울 수 있다. 더구나 대변은 아이에 따라 10분 내에 마치기 어려운 경우도 있다. 그러니 대변은 되도록 집에서 해결하게 한 뒤 등교하게 하고, 소변은 쉬는 시간에 맞춰서 해결할 수 있도록 습관을 들여야 한다. 이를 위해 아이가 용변을 쉽게 해결할 수 있도록 입고 벗기 편한 옷을 입혀주는 것이 좋다.

만약 수업 중에 대소변이 마려울 때는 참지 말고 선생님께 말하고 다녀올 수 있도록 연습시키고, 아이가 참다가 옷에 실수를 했을 때는 선생님께만 조용히 이야기해 도움을 청하도록 미리 일러주는 것이 좋다.

요즘에는 비데를 사용하는 가정이 많아 고학년이 되어도 학교에서 대변을 참거나 배변 후에도 뒤처리를 못하는 경우가 종종 있으니 아이가 스스로 해결할 수 있도록 미리미리 연습시키는 것도 잊지 말아야 한다.

학교의 점심시간은 1시간 정도지만 가능하면 30분 안에 식사를 마칠 수 있어야 한다. 유치원처럼 늦게 먹는 아이들에게 선생님이 먹여주지도 않고, 엄격한 선생님들은 식습관을 바로잡기 위해 잔반을 남기는 것을 금지하기도 한다. 따라서 정해진 시간에 식판의 음식을 다 먹는 것이 신학기 아이들에게 고민일 수 있다. 평소 아이의 식사시간이 어느 정도 걸리는지 살펴보고 지나치게 오래 걸린다면 지도가 필요하다. 혼자만 너무 늦게 먹으면 친구들에게 놀림을 받거나 놀이할 시간이 부족할 수 있고, 반대로 경쟁심에 친구들보다 너무 빨리 먹으려고 하면 체할 수도 있으니 적정 시간 안에 식사를 마칠 수 있도록 가르쳐야 한다.

내 경우 아이의 입학 후 가장 큰 걱정거리는 점심시간이었다. 아침에 일어나는 시간이야 집에서 멀리 떨어진 유치원을 다녔던

터라 이미 단련이 되어 있어 오히려 여유로웠지만, 평소에 밥 먹는 속도가 워낙 늦어 신경이 쓰였다. 아니나 다를까, 아이는 입학후 선생님께 야단을 맞는 경우가 생겼다. 밥 먹는 속도가 늦다보니 시간 안에 다 먹을 수 없었고, 나머지는 잔반으로 처리되었기때문이다. 아이는 시간을 단축시키기 위해 나름대로 노력했지만쉽지 않았다. 결국 마지막으로 선택한 방법은 급식 양을 처음부터적게 받는 것이었다. '미리 시간을 정해주며 연습시켰더라면 훨씬더 즐거운 점심시간을 보낼 수 있었을 텐데' 하는 아쉬움이 크다.

7세 아이 중 젓가락질은 물론 우유팩 뜯기나 요구르트 뚜껑을 따지 못하는 아이들이 생각보다 많다. 이는 평소에 아이가 직접 해보도록 연습시키면 금방 해결할 수 있다. 식사 중 돌아다니지 않기, 음식물 입에 넣고 떠들지 않기, 편식하지 않기 등도 습관을 들이자.

병원 검진과 예방접종 확인하기

초등학교에 입학하면 바로 건강기록부를 제출해야 한다. 그러므로 입학하기 전 기본 예방접종, 치과, 안과 검진은 미리 받아두는 것이 좋다. 취학 전에 꼭 받아야 하는 예방접종은 DPT(디프테리

아/백일해/파상풍), MMR(홍역/볼거리/풍진), 폴리오(소아마비), 일본뇌염, 결핵, 수두, B형 간염, 신종인플루엔자이다. DPT 백신과 소아마비 백신, MMR 백신 등은 신생아 때 접종했더라도 만 4~6세 때 추가 접종을 받아야 한다. 또한 입학 전후에 유치가 빠지고 영구치가 나오는 경우가 많으므로 치아 발달이 잘 진행되고 있는지 치과 검진도 받는 것이 좋다.

만성질환인 중이염이나 비염은 취학 연령대 아이들에게 발병하기 쉬운 질병이다. 중이염은 감기 등을 앓은 뒤 잘 걸리고 쉽게 재발하며 심하면 청력장애를 부를 수 있기 때문에 각별히 신경 써야 한다. 비염도 제때 치료하지 않으면 수업시간에 계속 코를 훌쩍이는 등 집중력을 떨어뜨리므로 유의해야 한다.

학교는 단체생활을 하는 곳이다. 전염병이 발생하면 순식간에 퍼질 우려가 높기 때문에 깨끗하게 손 씻기 등 개인위생에 대한 철저한 준비가 필요하다.

안전한 등하교를 위해 학교 가는 길 익히기

초등학교에 들어가면 아이 혼자 등교하는 것이 걱정되어 엄마와 함께 하는 경우가 많다. 안전사고의 위험 때문에 학교에서도 통학 길 안전지도에 관한 교육을 실시하고 녹색 어머니회 등을 통해 어머니들에게 도움을 청하기도 한다. 하지만 언젠가는 아이 혼자서 해결해야 할 몫이므로 학교까지 오고 가는 길을 미리 알려주어 익숙해지도록 도와줘야 한다.

통학 길은 집에서 학교까지 어떻게 다녀야 할지 구체적으로 알려주자. 통학로가 여러 개 있다면 아이에게는 가장 안전한 길을 알려주는 것이 좋지만, 또 다른 길도 알려줘야 한다. 공사 중이거나 사정에 의해 다른 길로 가야 할 때를 대비하는 것이다. 학교에 가기 전에 충분히 연습해 두면 학교 가는 데 자신감이 생긴다. 또한 반드시 인도로 다니게 하고 걸을 때 사람들과 부딪치지 않게 우측 보행을 하도록 알려준다.

초보엄마들이 궁금해 하는 것 중 하나가 '입학 후 언제까지 등하교를 도와줘야 하는가'이다. 대부분의 선생님들은 안전상의 큰 문제가 없다면 3월 한 달이면 족하다고 말한다. 처음 일주일은 교문 앞까지 데려다 주고, 다음 일주일은 횡단보도 건너는 곳까지, 그 다음 일주일은 집 앞에서 배웅해주면 이후부터는 아이 혼자 등하교할 수 있다. 학교에 가게 되면 혼자 가방을 메고 걸어야 하며, 하교 때는 어느 길로 다녀야 할지, 집으로 곧장 갈지 아닐지 등 스스로 선택할 일이 생기게 된다. 여기서부터 자율성이 시작되는 것이다.

물론 그렇다 해도 모든 아이가 다 그렇게 할 수는 없다. 육아에 있어 하나의 정답은 없다. 아이가 혼자 학교 가는 것을 불안해한 다면 자신감이 생길 때까지 도와주고 기다려주는 것이 좋다. 대신 아이가 혼자 갈 수 있다는 신호를 보냈을 때, 엄마의 불안으로 그 신호를 무시하지 말고 아이가 스스로 선택하고 책임질 수 있도록 해줘야 한다. 자율성이 부족하다면 조금씩 연습해서 자신감을 갖게 기다려주면 된다. 아이들은 누구나 자신의 문제를 스스로 해결할 수 있는 능력이 있다.

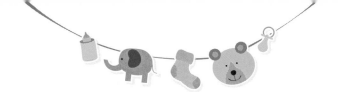

공부보다 더 중요한 학습습관

40분 수업을 위한 연습, 한자리에 앉아 있기

초등학교의 한 시간 수업은 40분이다. 아이들은 40분 동안 자기 자리에 앉아 있어야 한다. 하지만 초등학교 저학년 아이들의 집중력은 20분을 넘기기 힘들기 때문에 금세 싫증내거나 산만해진다. 어떤 아이들은 공부 시간에 돌아다녀 선생님에게 지적을 받기도 한다. 잠시도 가만 있지 못해 앉았다 일어나기를 반복하는 아이는 수업에 집중할 수가 없다. 따라서 40분 동안 한자리에 앉아 있을 수 있도록 미리 연습시켜야 한다.

처음에는 10분으로 시작한다. 10분 동안 아이가 잘 앉아 있으면 5분씩 차츰 시간을 늘려가는 것이 요령이다. 한곳에 앉아서 책을 읽거나 그림을 그리거나 만들기를 하게 한다. 이때 엄마는 아이가 집중할 수 있도록 옆에서 함께 책을 읽는 것이 좋다. 아이에게는 가만히 있으라고 해놓고 집안일을 하러 돌아다니는 등 번잡하게 움직이면 아이의 주의가 산만해질 수 있기 때문이다.

아이에 따라서는 이렇게 연습해도 전혀 나아질 기미가 보이지 않을 수도 있다. 심한 경우 'ADHD(주의력결핍과잉행동장애)'일 수 있으니 이때는 전문적인 상담을 고려해야 한다. 하지만 기질적으로 산만한 아이들은 아이의 행동을 잘 살펴 산만함을 줄이는 방법을 찾아 해결할 수 있으니 지나친 걱정은 금물이다.

스스로 소지품 챙기기, 책상 서랍과 사물함 정리하기

유치원과는 달리 초등학교는 일주일 단위로 매시간 정해진 교과목과 그에 필요한 준비물이 있다. 시간표에 따라 교과서와 준비물을 가방에 챙겨넣는 일은 이제 막 초등학교에 입학한 아이에게는 상당히 버거운 일이다. 따라서 책가방은 잠자기 전에 미리 챙겨두는 습관을 들여야 한다. 세수하고 옷 입고 밥 먹기에도 빠듯한 아침시간에 가방을 챙기다 보면 준비물을 빠뜨리기 쉽고 급한 마음에 엄마가 챙겨주다 보면 싫은 소리를 하게 된다. 이러면 아이는 편안한 마음으로 하루를 시작할 수 없다.

아이 스스로 책가방을 챙기는 것은 매우 중요하다. 독립심을 키우는 것은 물론이고 가방 싸는 과정을 통해 수업 받을 내용을 미리 인지하는 효과도 있다. 전날 밤 아이가 가방을 싸놓으면 시간표에 맞게 잘 챙겼는지 혹은 빠진 준비물은 없는지 엄마가 꼼꼼히 확인해주는 것이 좋다.

또한 아이가 학교에서 소지품을 잃어버릴 수 있으니 아이의 물건에는 이름을 쓰게 하고 물건을 사용한 뒤에는 반드시 제자리에 두도록 한다. 만약 아이가 소지품을 잃어버렸을 때는 어떻게 잃어버렸는지 물어보고 찾을 수 있는 방법을 고민해보도록 가르쳐야 한다. 물건을 소홀히 여기는 것이 잘못이라는 것을 알려주어야 자기 물건을 소중히 다루고 잘 챙기게 된다.

모든 과목의 기초, 독서습관 들이기

초등학교 입학을 전후로 가장 중요한 것을 딱 하나 고른다면 바로 독서다. 독서와 밀접하게 관련된 언어 및 사고 능력은 전 교과 과목에 영향을 미치기 때문이다. 독서는 단순하게 문자 해독만을 의미하지 않는다. 책을 읽다보면 모르는 지식을 접하게 되고 그것이 자신의 직·간접적인 체험과 만나 새로운 지식 체계로 발전하게 된다. 그래서 책을 많이 읽은 아이들이 공부도 잘하고 아는 것도 많은 것이다.

또한 평소에 책을 잘 읽는 아이와 그렇지 않은 아이는 구사하는 어휘부터 차이가 난다. 독서량이 많은 아이는 책 속의 고급 어휘를 자신의 것으로 적극 활용하고, 말하는 이의 요점을 빠르게 파악하는 능력을 자연스럽게 익힌다.

언어를 관장하는 두뇌 부위는 같기 때문에 우리말을 잘하면 영어도 잘할 확률이 높다. 또한 수학과목에도 스토리텔링 수학이 전면 도입됐다. '스토리텔링 수학'에는 단순히 공식을 암기만 하면 점수를 받을 수 있었던 과거의 수학과 달리, 이해력과 문제해결력 및 창의력 등을 요하는 문제들이 등장한다. 공식이나 규칙 등을 먼저 설명하는 것이 아니라, 실생활에서 만날 수 있는 상황을 보여주면서 그 상황에서 필요한 수학 개념을 이해하도록 구성돼 있다. 때문에 수학 수업 시간에도 언어 전달력과 표현력, 논리력 등을 키우는 훈련이 이뤄진다.

결국 내 아이가 초등학교에서 공부를 잘하기 바란다면 독서습관을 탄탄히 다져놓아야 한다. 전래동화, 명작동화, 위인전, 사회성동화, 과학동화, 수학동화 등 분야별로 많은 책을 읽어 두는 것이 좋다.

그러나 아직 독서습관이 잡히지 않은 아이라면 책은 정말 재미있는 것이라는 생각을 갖게 하는 것이 먼저다. 그런데 아직 문자 해독 수준에 있는 아이라면 스스로 책을 읽고 그 즐거움을 깨닫기에 어려움이 많다. 따라서 부모가 시간을 정해 책을 읽어주는 것부터 시작하는 것이 좋다.

1학년 전후의 시기에는 현실 세계의 논리적, 과학적 사실에 바탕을 둔 책보다는 상상력에 바탕을 둔 책이 매력적으로 다가온다. 따라서 아름다운 그림, 재미있고 우스꽝스러운 그림으로 가득 찬 그림책을 많이 보게 하면 좋다. 우리의 전통적인 해학과 권선징악의 통쾌함을 담은 옛이야기도 좋다. 이처럼 지식보다는 책 읽기의 즐거움을 확실하게 심어주는 일이 더 중요하다.

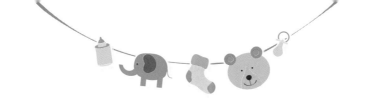

입학 전 학습 점검

국어 - 홑받침 글자까지는 읽고 쓸 줄 알아야 한다

　1학년 교실에는 한글을 모르는 아이부터 2~3학년 수준을 갖춘 아이까지 다양한 아이들이 모여 있다. 한글 수업은 다양한 아이들의 흥미를 유발하기 위해 평균 수준에 맞춘 게임 형태로 진행하는 경우가 많다. 한글을 아는 아이가 'ㄱ', 'ㄴ'부터 다시 익히면 수업을 지루하게 느낄 수 있기에 낱말을 만드는 놀이나 문장을 만드는 놀이 등을 배우는 것이다. 아직 한글의 읽고 쓰기를 어려워하는 아이라면 'ㄱ+ㅏ=가'와 같은 자음과 모음의 결합 원리부터 배운다.

이렇게 1년 동안 국어수업을 진행하게 되면 선행학습을 한 아이나 그렇지 않은 아이나 입학 당시의 수준 차이는 거의 사라진다. 그렇더라도 아이들이 한글을 익히고 입학한다는 전제하에 교사들이 수업을 진행하기 때문에 한글을 완벽하게 익히지는 못하더라도 받침 없는 글자나 홑받침(목, 손, 발 등) 글자까지는 읽고 쓸 수 있어야 무리 없이 수업을 들을 수 있다.

1학년 국어 교과는 책을 천천히 읽고, 맞춤법이 틀리더라도 한글의 자음과 모음을 글자답게 쓸 수 있으며, 책을 읽은 뒤 하고 싶은 말을 짧게라도 구성하는 수준 등을 목표로 한다. 그렇기 때문에 한글을 읽고 쓰는 연습과 함께 더듬거리지 않고 또박또박 자기 의견을 말할 수 있도록 도와주는 것이 좋다. 학교에서 발표나 읽기 수업이 많은 만큼 익숙해지지 않을 경우 실제 수업에서 위축될 수 있기 때문이다.

동화책을 함께 읽은 뒤 상황을 간단히 정리해보는 것도 도움이 된다. 스토리텔링 교육 과정이 시작되면서 단답형보다 서술형 답을 요구하는 경우가 많기 때문이다. '아이가 운 이유는'이라는 물음에 '풍선이 하늘로 날아가서' 같은 세 마디 이상의 다소 구체적인 답을 표현할 수 있어야 한다.

초등학교 입학 후 가장 신경 쓰이는 시험이 바로 받아쓰기이다. 한글 문장을 술술 읽어내는 아이라도 실제로 완벽한 맞춤법을 알기란 쉽지 않다. 요즘은 학교에 들어가면 바로 알림장을 사용하기 때문에 최소한 선생님이 칠판에 쓴 내용을 알림장에 베껴서 써올 정도는 되어야 하는데, 그러기 위해서 글씨는 잘 알아볼 수 있게 쓸 수 있도록 연습시켜야 한다.

받아쓰기의 경우 1학년은 맞춤법 위주로 채점하고, 2~3학년이 되면 띄어쓰기와 문장부호까지 꼼꼼히 살펴본다. 그렇다고 미리 준비시킬 필요까지는 없다. 받아쓰기는 범위가 정해져 있고 그 범위에 맞추어서 시험을 보게 된다. 선생님이 받아쓰기 급수표를 학기 초에 미리 배부하고 연습할 시간도 충분히 주기 때문에 그때그때 준비해도 충분하다.

받아쓰기를 할 때는 시험처럼 다가가기보다 놀이나 게임처럼 재미있게 접근하는 요령이 필요하다. 아이가 읽었던 책의 제목이나 집 안에 있는 물건 이름적기 등을 하면 되는데, 한 번에 10개 단어 정도가 적당하다. 특히 문장부호 정확하게 사용하기, 띄어쓰기, 받침 사용법 등은 주의해서 연습이 필요하며 받아쓰기 후 틀린 단어는 소리 내어 읽으며 서너 번 반복해 쓰게 하면 효과적이다.

수학은 개념을 이해하자

초등학교에서의 수학 교육은 이후 중·고등학교 수학 교육의 초석을 놓는 과정이다. 덧셈, 뺄셈, 곱셈, 나눗셈의 개념이 잡혀 있지 않으면 연산문제를 풀기 어렵고, 입체와 평면도형이 머릿속에 그려지지 않으면 도형문제를 풀 수 없다. 하지만 수학은 초등학교부터 고등학교까지 계단식으로 연결되기 때문에 초등학교 때 한번 기초를 잘 다져놓으면 학년이 오르고 상급학교에 진학할수록 재미있게 공부할 수 있는 과목이기도 하다.

따라서 초등학교 1학년 아이에게 무엇보다 중요한 것은 수학에 대한 자신감과 수학이 재미있다는 인식을 자연스럽게 심어주는 것이다. 수학이 우리의 일상생활과 밀접하게 연관되어 있다는 것을 아이가 깨닫게 되면 수학이 재미있고 유용하다는 생각을 하게 된다. 2012년 교육과학기술부는 문제풀이와 공식암기 위주로 이뤄지던 기존의 수학 교육을 사고력과 창의력, 그리고 문제해결력을 키우는 방향으로 바꾸겠다는 '수학 교육 선진화 방안'을 발표했다. 이를 위해 생활 속에서 쉽게 찾아볼 수 있는 수학 이론을 '스토리텔링 방식'으로 소개해 생활 속에서 발견되는 수학 원리를 이해하기 쉽게 보여 주어 아이들의 호기심을 자극하는 교육법을 도입했다.

현재 초등학교 1학년 1학기 수학 교과서는 수 세기가 50까지, 2학기 교과서에서는 100까지 나온다. 물론 일부 아이들은 과일과 같은 물체를 이용해 '1+3=4' 같은 덧셈식을 '4−3=1'과 같은 뺄셈식으로 바꾸는 연산 단계까지 익히고 들어오기도 한다. 하지만 기본적으로 50까지의 숫자 세기까지만 익히고 있어도 수업을 이해하고 따라가는 데는 전혀 지장이 없다고 교사들은 말한다. 다만 학교에서는 바둑알이나 공깃돌 같은 물체를 이용해 연산을 익히므로 각 가정에서도 구체적인 사물을 활용해 숫자를 익힌다면 학교수업에 효과적으로 임할 수 있다.

수학은 두 권의 책으로 구성되어 있는데 '수학' 교과서는 학교에서 교사에게 배우고, '수학 익힘책'은 집에서 자기 주도 학습용으로 활용하도록 되어 있다. 학교와 가정에서 병행하여 수학을 학습하라는 취지다.

입학 전 교과서 선행학습은 아이의 반응을 살펴가며 책을 '적당히' 들춰보는 정도로 충분하다. 단원 도입부에 두 페이지에 걸쳐 나와 있는 그림을 살펴보고 어떤 느낌이 드는지, 가장 재미있는 그림은 무엇인지, 여기서 무엇을 배울 수 있을 것 같은지 아이와 함께 이야기를 나눠보면 된다. 특히 '공부를 잘 했는지 알아봅시다(단원평가)'와 '문제 해결'은 선생님과 수업시간에 학습해야 하는 부분이니 미리 할 필요가 없다.

교과서의 한 차시 분량이 끝나면 제목 밑에 수학 익힘책 페이지가 안내되어 있으니 아이와 함께 해당 페이지를 살펴보는 것도 좋다. 수학 익힘 책의 문제를 풀 때는 '힌트', '설명', '주의할 점' 등을 먼저 읽어보면 도움이 된다. 만약 아이가 수학에 흥미가 부족하다 싶으면 만화로 구성된 수학 익힘책의 '준비해 볼까요?(준비 학습)'와 '공부를 잘했나요?(마무리학습)'를 보여주는 것도 좋다.

손 조작 능력을 키우자

초등 1학년은 국어와 수학을 제외하고는 과목 구분 없이 통합 교과로 배운다. 통합교과는 배려와 나눔을 실천하는 창의 인성을 갖춘 인재를 양성하고자 하는 사회적 요구를 반영한 것이다. 통합교과 이전의 〈바른 생활〉, 〈슬기로운 생활〉, 〈즐거운 생활〉을 〈학교와 나〉, 〈봄〉, 〈가족〉, 〈여름〉, 〈이웃〉, 〈가을〉, 〈우리나라〉, 〈겨울〉의 주제별 교과서로 나누어 편성하였다.

개정 교과서는 '율동과 체육', '색칠과 노래' 등을 더해 아이들이 즐겁게 참여할 수 있도록 유도하고 있는 것이 특징이다. 예를 들어 〈가을〉 교과서로 배우는 기간에 '가을'을 주제로 시를 써 보고, 온 가족이 함께 가을 노래를 불러 보고, 허수아비 만들기나 낙엽으로 꾸미기 등 아이가 한 가지 주제에 몰입해 깊이 있는 탐구 활동을 할 수 있도록 도와주는 것이다.

개정된 교과과정에서 선생님들은 '행동 목표'와 '표현 목표', 두 가지를 기준으로 통합교과목을 평가한다. '행동 목표'는 구체적인 행동을 제시하고 결과의 성취도를 중시한다. 따라서 목표 달성 여부와 학생이 습득한 것을 평가한다. 이에 반해 '표현 목표'는 과정과 활동에 중점을 두고 아이의 노력과 창의성에 주목한다.

기존의 평가가 '행동 목표'에 무게를 두었다면 지금은 '표현 목표'를 더 중요시한다. 이는 아이의 노력과 성취 만족도, 개인의 학습 경험이 어떤 방향으로 성장했는지 선생님이 관심을 갖고 평가할 수 있는 방법이기 때문이다.

따라서 만들기와 그리기 등 자신을 표현할 수 있는 미술과 관련된 활동이 많다. 특히 통합교과 과정에서는 매 단원 미술 활동이 빠지지 않으므로 미술을 꾸준히 배워두면 도움이 된다. 더불어 표현에 대한 자신감이 생기게 하고 수업에 도움을 주어 상을 받을 수 있는 기회 역시 많아지게 된다.

이러한 활동들은 손 조작 능력을 많이 필요로 하므로 각 가정에서는 젓가락 사용이나 종이접기, 블록쌓기 등을 통해 손을 능숙하게 사용하도록 돕는 것이 좋다. 가위나 풀, 테이프를 잘 다룬다면 제한된 수업 시간 내에 작품을 마무리해야 하는 미술시간에

큰 도움이 된다. 가위질 등이 서툴다면 생활 속에서 미술도구에
익숙해질 수 있도록 도와주면 된다.

초등 맘도 준비가 필요하다

갈수록 중요해지는 학부모 활동

아이가 학교에 입학하면 엄마도 학교에서 해야 할 일이 있다. 학교에서 운영하는 다양한 학부모 활동에 참여하는 것이다. 아이가 학교에 잘 적응하는지 직접 눈으로 확인하고 선생님, 다른 엄마들과 친분을 쌓는 데 학부모 활동만한 것이 없다.

학교에는 공식적인 학부모 활동이 여러 개 있는데 학교운영위원회, 학부모회, 녹색어머니회, 급식 모니터링, 어머니 폴리스, 독서도우미, 학습준비물 도우미회 등 종류도 다양하다. 각 학교

별로 필요에 따라 알맞은 모임을 조직해 운영하므로 아이가 입학할 초등학교의 홈페이지를 참고하면 된다.

학교운영위원회는 학교의 교육과정 운영, 학칙 제정 및 개정, 학교 예산과 결산 등 학교 운영 전반에 중요한 역할을 하는 심의, 자문 기구다. 학교 전체에서 가장 큰 대표성을 갖고 있으며 학부모 대표를 비롯해 교원 대표, 교장, 지역사회 인사 등으로 구성된다. 일반적으로 학부모 대표는 학부모들의 직접 선거에 의해 선출된다.

학부모회는 각 학급의 대표자들로 구성된 학부모 단체로, 대개 아이가 학급 임원으로 선출되면 자연스럽게 맡게 된다. 초등 1학년은 학급 임원을 선출하지 않기 때문에 학급 일에 의욕적인 학부모들이 지원하는 경우가 많다. 대체로 3월 학부모 총회에서 결정된다. 학교 운영 및 학교 교육의 활성화를 지원하는 것이 목적으로 활동분야는 각 학교마다 조금씩 다르지만 운동회, 소풍, 체험학습, 바자회 등 학교의 여러 행사에 우선적으로 협조하게 된다.

녹색어머니회는 학생들의 교통안전 지도를 위한 대표적인 모임이다. 학교 등하교 시간대에 차가 많이 다니는 도로나 신호등 없는 횡단보도에서 노란색 깃발을 들고 아이들이 안전하게 통학할 수 있도록 돕는다. 대개 아침 8~9시 사이에 복장을 갖추고 지정된 장소에서 활동한다.

급식 모니터링은 학교 급식의 안전 여부를 감시하고 개선 사항을 건의하는 모임이다. 아침에 식자재 반입부터 검수까지 영양교사와 함께 확인한다. 또 조리 종사원의 복장과 개인위생 및 조리실의 위생 상태를 점검해 아이들의 먹을거리에 부족함이 없는지 점검한다.

어머니 폴리스는 아이들의 하교시간에 맞춰 교통안전지도를 하고 학교 주위나 교내에서 불미스러운 일이 일어나지 않도록 점검한다.

독서도우미는 도서관의 사서 역할을 하는 모임으로 학교 도서관의 대출, 반납, 정리를 기본으로 맡고 다양한 독서 프로그램을 제공하기도 한다.

학교에 학부모 활동이 있다는 것은 학생을 지도하는 데 학부모의 도움이 꼭 필요하다는 의미이기도 하다. 아이는 학부모의 도움으로 안전하고 편리하게 학교생활을 할 수 있고, 학부모는 학교의 일원으로 소속감을 느낄 수 있다. 더불어 학부모 활동을 하는 다른 엄마들과 교류하며 유용한 정보와 도움을 받을 수 있는 것도 장점이다.

엄마가 봉사하는 모습은 자녀에게 더할 수 없이 좋은 본보기가 된다. 특히 1학년 아이들은 봉사활동하는 엄마를 친구나 담임선생님에게 자랑하고 싶어 하는 경우가 많다. 엄마를 멋지고 훌륭하게 여기는 만큼 아이도 열심히 학교생활을 해야겠다는 의지를 다지기도 한다. 따라서 아이가 학교에 잘 적응하길 바라고 같은 학급의 엄마들, 선생님과 좋은 유대관계를 맺길 원한다면 학부모 활동에 참여하는 편이 좋다.

그런데 엄마들 중에는 동시에 여러 학부모 활동을 하는 경우가 있다. 여건이 된다면 열심히 해도 좋지만 학부모 활동으로 인해 자녀 교육이나 가정생활에 소홀할 정도가 되면 곤란하다. 본인과 자녀의 특성을 고려해 책임감 있게 참여할 수 있는 활동만 하는 게 바람직하다.

나는 거의 모든 학부모 활동에 참여해보았다. 오전 시간이 가능할 때는 급식 모니터 도우미를 하며 학교 급식실이 어떻게 운영되는지 알 수 있었다. 오후 시간이 가능할 때는 어머니 폴리스를 하며 평소 둘러보기 힘든 학교 이곳저곳을 점검하러 다니기도 했다. 한 해도 빠지지 않고 꾸준히 참여했던 활동으로는 녹색어머니회가 있다. 아이보다 일찍 나서는 것이 마음에 걸리긴 했지만, 나로 인해 아이들이 안전하게 등교할 수 있다는 마음에 봉사를 계속하게 되었다.

모든 것이 아이만큼이나 낯설고 걱정스러웠던 내 아이 초등 1학년 시절. 되돌아보니 아이만큼이나 어수룩했던 나에게 학부모회에서 만난 인연은 아직까지도 이어지고 있고, 봉사활동 중간에 만날 수 있었던 담임선생님 덕분에 아이의 학교생활을 자세히 알아갈 수 있었다. 무엇보다 보람 있는 것은 봉사하는 내 모습을 보고 아이 역시 학교 봉사 활동을 당연하게 받아들이고 있다는 것이다. 다른 사람을 위해 기꺼이 자신의 시간과 노력을 나누고 있는 아이가 대견스럽기만 하다.

가족사진을 여러 장 준비하자

아이가 어릴수록 좀 더 넓은 세상을 보여주기 위해, 그리고 다양한 경험을 시키기 위해 함께 여행을 가는 경우가 많다. 이곳저곳에서 행복한 추억을 만들고, 그 추억을 오래도록 간직하기 위해 사진도 찍는다. 그런데 가족이 함께 가더라도 온가족이 다 들어간 사진을 찍는 경우는 드물다. 조금 신경 써서 온 가족이 들어간 사진을 자주 찍어두자.

아이가 학교에 들어가면 온가족이 다 참여한 가족사진이 많이 필요하다. 가족 신문 만들기, 가족 소개하기, 가족사진을 보고 설명하는 글쓰기 등등 가족사진이 필요한 활동이 꽤 많다. 그러나 한 장, 두 장 사용하고 나면 더 이상 쓸게 없어진다. 이처럼 가족사진이 필요한 경우가 수시로 생길 수 있으므로 가족이 여행

가서 사진을 찍을 때는 가족 구성원이 모두 들어 있는 사진을 적어도 한 장씩은 찍어두자. 그중 잘 나온 사진은 여러 장 뽑아두는 것이 좋다.

재활용품 보관

아이가 학교에 들어가고부터는 준비물 챙겨주는 것이 생각보다 큰일이다. 요즘은 학교에서 직접 준비해주는 경우가 많아 가정에서 준비해야 할 물품들이 많이 줄었지만 평소에 준비해두지 않으면 애를 먹는 준비물도 많다.

예를 들어, 마을 꾸미기를 하는 시간에는 아이들의 책상 넓이만큼의 큰 상자가 필요하다. 그 위에 마을의 여러 가지 건물이나 나무, 도로, 자동차 등을 꾸밀 부수적인 재료들도 필요하다.

두루마리 휴지를 쓰고 남은 둥근 봉은 색종이를 붙이고 늘어뜨려서 나무를 만들기에 제격이고, 작은 우유팩이나 화장품 상자는 색종이를 싸서 건물을 세우는 데 유용하게 쓰인다. 아기 때 가지고 놀던 작은 레고는 마을을 더 풍성하고 보기 좋게 만들어준다.

이처럼, 평상시 버리기 쉬운 물건들을 잘 모아두면 종종 아이들의 훌륭한 학습 준비물로 사용할 수 있다. 이밖에 1.5리터 페

트병이나 투명 플라스틱 통, 병원놀이 물품 등도 자주 이용되니 잘 모아두자.

여름방학 과제나 학교 행사에 '폐품 이용하여 만들기'는 시대가 변해도 빠지지 않는 학습 활동 중의 하나이다. 학교에서는 재활용 교육과 환경 교육 차원에서 폐품을 이용하여 만들기 대회를 열거나 과제를 내준다. 게다가 1학년은 특성상 학습 활동에 구체물이 필요할 때가 많다. 버리면 쓰레기가 되고, 다시 쓰면 훌륭한 학습 준비물이 되는 이러한 폐품들을 잘 모아 두었다가 필요할 때 사용하도록 하자.

이 시기 아이들은 어른들의 시선으로는 여전히 어린아이에 불과하다. 하지만 아이들은 어른들이 상상하는 것 이상으로 다양한 감정을 느끼며 경험을 통해 많은 것을 알고 있다.

아이가 다양한 감정을 건강하게 만나고 조절할 수 있게 하려면 때때로 아이의 감정을 묻고 그러한 감정이 어떤 것인지 표현하도록 도와주어야 한다. 다시 말해, 감정에 적절한 이름을 붙이는 것이다.

아이는 자기 마음속에 일어나는 알 수 없는 복잡한 감정들에 대처하여 안정을 찾고 싶어 한다. 그런데 그 감정이 뭔지 모른다면 대책이 없다. 아이의 감정에 이름을 붙여주면 아이는 어떤 감정을 어떻게 처리해야 할지 생각하고 판단할 수 있다. 또한 이후 비슷한 상황을 겪고 비슷한 감정을 느낄 때 '아, 이런 감정을 느꼈을 때 이렇게 하면 됐지'하고 방법을 찾을 수 있게 된다. 이러한 과정이 반복되면서 어떤 감정을 만나든 당황하지 않고 현명하게 대처할 수 있는 힘을 갖게 된다.

아이가 자기감정이 어떤 것인지 모를 때는 부모가 대신 감정에 이름을 붙여줘도 좋다. 하지만 가능한 아이 스스로 자기감정을 표현할 단어를 찾도록 돕는 것이 더 좋다. 감정코칭을 할 때 "기분이 어때?"라고 물으면 아이는 아이 수준에서 자기감정에 적합하다고 생각하는 단어로 감정을 표현한다. 그렇게 아이 스스로 표현한 감정들을 구슬 하나하나 실로 꿰듯이 연결해주기만 해도 감정을 정리하는 데 도움이 된다.

감정코칭은 부모가 해결책을 알려주는 것이 아니라 아이가 스스로 해결책을 찾도록 도와주는 것이다. 하지만 이 시기 어린아이들에겐 "이렇게 해보는 건 어떨까?"라는 제안도 어려울 수 있다. 이때는 "이렇게 할래, 저렇게 할래?"하고 선택권을 주는 것이 좋다. 아침에 4개, 저녁에 3개의 밤을 주겠다는 말에 원숭이들이 화를 내자 아침에 3개, 저녁에 4개를 주겠다니까 좋아했다는 '조삼모사'는 아이들에게도 유용하게 사용할 수 있는 방법이다.

예를 들어 5살, 7살 남자 형제가 방에서 물총놀이를 하고 있다고 가정해보자. 한창 노는데 정신이 팔린 아이들에게 "그래, 놀고 싶지? 맞아. 얼마나 재미있겠니. 하지만 방에서 물총놀이를 하면 안 돼"라고 감정코칭을 해도 잘 먹히지 않을 수 있다. 이럴 때는 확실하게 선을 그어주도록 하자. "물총놀이는 목욕탕에서 하든지 밖에 나가서 해라. 방안에서 하는 건 아니야."라고 분명하게 이야기해준다. 그러고 나서 "목욕탕에서 할래? 아니면 밖에서 할래?"하며 선택하도록 한다. 이렇게 선택권을 주면 아이는 강요나 억압당한다는 느낌이 들지 않는다. 부모에게 행동을 강요당했다기보다는 스스로 둘 중 하나를 선택했다는데 자부심을 느낀다.

이렇듯 감정코칭도 아이 나이에 맞는 방법으로 진행해야 효과적이다. 어릴 때는 선택권을 주고, 아이가 좀 더 커서 스스로 생각하고 해결책을 제시할 수 있을 때는 아이 의견을 물어보는 것이다. 이러한 감정코칭을 잘 하기 위해서는 아이의 감정을 정확히 알아차리는 것이 첫 번째다. 그러려면 늘 관심어린 시선으로 아이를 바라봐야한다.

5장

다시 아이들 키운다면

부모라면 누구나 자신의 아이가 성공하길 원한다. 그렇다면 꼭
기억하라. 성공의 열쇠는 바로 '자녀들이 부모에게서 존중받는
다는 느낌을 갖게 하는 것'이라는 것을.

한 발짝 뒤에서 따라가리라

내 아이를 똑똑하고 행복하게 키우고 싶지 않은 부모는 없다. 그래서인지 몰라도 아이의 지적능력을 알아보기 위해 IQ 테스트를 해보는 경우가 많다. IQ는 'Intelligence Quotient'를 줄인 말로 '지능지수'라는 뜻이다. 지능지수는 인간의 지적 능력을 측정하여 점수화한 것이다. 그러나 누가 그 검사를 개발했는가에 따라 측정 수치가 다르다.

초창기 지능검사는 스텐포드-비네Stanford-Binet 검사로 기본적인 언어 능력 및 문장 이해도를 측정하는 검사이다. 우리나라에서 가장 많이 활용되고 있는 웩슬러Wechsler 지능검사는 언어 이해, 공간

추리 능력을 포함하여 10개의 하위 영역을 측정한다. 두 개의 지능검사는 서로 다른 능력을 측정하기 때문에 동일한 사람이 각각의 검사를 받더라도 완전히 다른 점수를 얻게 된다.

우리는 흔히 IQ가 높으면 머리가 좋고 학교 성적도 우수하며 이후 사회적으로 성공해 행복한 삶을 살 수 있을 거라고 생각한다. 하지만 IQ와 성공, 행복의 상관관계는 거의 없는 것으로 판명난지 오래다.

내 아이의 강점지능

많은 부모들은 우리 아이가 행복했으면 좋겠다고 한다. 그런데 부모들이 말하는 행복한 사람은 과연 어떤 사람일까?

최근 들어 인생을 즐겁고 의미 있도록 만드는 요인들을 찾아 심리학적으로 접근하는 긍정심리학에 대한 관심이 뜨겁다. 긍정심리학의 선구자로 알려진 미국 펜실베니아 대학의 마틴 셀리그만Martin Seligman은 "진정한 행복은 개인의 강점을 파악하고, 그것을 계발하여 일, 사랑, 자녀 양육, 여가 활동이라는 삶의 현장에서 활용함으로써 실현되는 것이다."라고 말한다.

그의 기준에 따르면 우리나라 사람들은 대부분 진정한 행복을 느끼지 못하는 상태라고 할 수 있다. 우리는 자신의 강점을 파악하여 자신만의 분야를 찾아가기보다는 같은 분야에서 주어진 잣대에따라 평가받으며 살아왔기 때문이다. 또한 끝없이 경쟁하다 보니 자녀를 양육하고 여가를 즐길 시간이 없으므로 진정한 행복이 무엇인지 알 수가 없는 것이다.

자녀들이 행복하기를 바란다면 셀리그만의 말처럼 아이의 강점을 파악하고 그 강점을 계발하는 것이 중요하다. 모든 아이들을 IQ라는 잣대로만 비교하는 것이 아니라 내 아이의 강점지능이 무엇인지를 찾아보고 그것을 계발할 수 있도록 도와 주는 것이 필요하다는 것이다.

그렇다면 강점지능이란 무엇일까? 이 시대의 천재이자 가장 강력한 영향력을 가진 인물로 평가되는 빌 게이츠Bill Gates를 강점지능의 차원에서 살펴보자.

빌 게이츠는 높은 교육 수준을 지닌 부모를 만나 좋은 교육을 받았다. 그의 부모는 아들이 아버지의 뒤를 이어 법률가가 되기를 원했다. 하지만 빌 게이츠의 능력은 전혀 다른 분야에서 발휘되었다. 초등학교 고학년이 되었을 때 처음 만들어진 컴퓨터반에서 컴퓨터를 접한 빌 게이츠는 컴퓨터의 구조부터 프로그램의 원리에 이르기까지 컴퓨터와 관련된 것은 무엇이든지 쉽고 빠르게 익혔다. 심지어 스스로 프로그램과 게임까지 만들어냈다. 빌 게이츠는 논리수학지능과 기계와 관련된 공간지능 영역에서 강점지능을 지니고 있었던 것이다.

그런데 만약 빌 게이츠의 부모가 아들에게 법률가가 되라고 강요하고, 학교 성적만으로 아들을 평가했다면 지금의 빌 게이츠가 탄생할 수 있었을까? 사실 빌 게이츠의 부모는 아들이 법학 공부를 거부하고 컴퓨터에 빠지자 처음에는 많은 고민을 했다고 한다. 그렇지만 어린 나이에도 불구하고 컴퓨터에 관한 남다른 재능과 능력 그리고 열정을 보인 아들에게 나중에는 컴퓨터 강사를 소개해 줄 정도로 지지해 주었다. 빌 게이츠의 강점지능이 부모에 의해 발전된 것이다.

사람들마다 생김새나 목소리 등의 외모가 천차만별이듯 내 아이 안에 숨겨진 강점지능 역시 생김새만큼이나 다양하고 다르다는 것을 인지하는 것이 필요하다.

자녀의 강점지능을 알아내는 방법 중 가장 믿을 만하고 정확한 것은 바로 부모들의 판단력이다. 부모는 자녀가 자라면서 가장 우수한 발달을 보인 영역과 현재의 상태에 대해 누구보다도 정확히 알 수 있기 때문이다.

아이를 관찰해보자

　그럼 내 아이가 가장 좋아하고 잘하는 분야는 어떻게 알 수 있을까? 아이보다 앞장서서 가지 말고 아이 뒤를 따라가면 알 수 있다. 아이와 같이 길을 걸어갈 때, 아이가 어느 지점에서 걸음을 멈추고 무엇에 관심을 보이는지 살펴보는 것이다. 길가에 피어 있는 예쁜 꽃을 바라보는지, 발 아래서 열심히 움직이는 작은 곤충을 바라보는지, 무리지어 놀고 있는 아이들과 같이 뛰어 놀고 싶어 하는지, 노래 부르기를 좋아하는지, 신나는 음악에 맞춰 몸을 움직이는 것을 좋아하는지, 혼자서 조용히 책을 보는 것을 좋아하는지, 퍼즐 맞추기를 좋아하는지 등 앞서간 아이의 행동을 관찰하면 된다. 대게 아이의 강점은 처음에는 호기심과 탐구심, 흥미의 형태로 나타나기 때문이다.

　말은 그렇지만 나 역시 무던히도 아이보다 앞서 걸었던 엄마였다. 아이에게 다양한 경험들을 시켜주기 위해서 앞장서서 여기저기 기웃거렸다. 하지만 아이의 호기심을 자극하기 위한 활동들은 이름만 다를 뿐 대부분 비슷한 활동이었다. 그래서 정작 아이가 무엇을 좋아하는지 알 수가 없었다.

　다시 아이를 키운다면 아이 손을 붙잡고 달려가고 싶을 때마다 그리고 아이를 뒤에서 조종하고 싶을 때마다 오히려 한 걸음 물러서서 아이가 바라보는 곳을 같이 바라볼 것이다. 그래서 내 아이가 무엇을 좋아하는지 또 무엇을 잘하는지 가만히 지켜보며 응원해 줄 것이다.

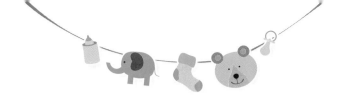

책을 더 많이 읽어주리라

유태인들은 독서를 좋아하는 민족이다. 그들은 책 한 권을 독파하면 주위 사람들을 불러 파티를 연다. 그리고 자기가 읽은 책을 돌려가며 읽고 이야기 나누기를 좋아한다. 탈무드에는 "돈 빌려주는 것은 거절해도 책 빌려주는 것은 거절하지 마라"는 말도 있다.

또한 유태인은 이야기를 즐기는 민족이다. 구약성서는 이야기의 보물창고이며, 탈무드는 BC 5백 년 전부터 AD 5백 년에 이르기까지 구전되는 이야기들을 엮은 거대한 분량의 책이다. 그런데도 유태인들은 계속 새로운 이야기를 창작하여 다른 사람에게 전하는 것을 즐긴다.

유태인 부모들은 아이를 재울 때 책을 읽어주는 것을 중요한 일과이자 의무로 여긴다. 유태인 아이들은 돌이 지나면 누구나 침대 머리맡에서 부모가 책 읽어주는 소리를 들으면서 하루를 마친다. 예전에는 주로 모세나 다윗왕 등의 영웅담을 읽어주었다고 한다. 요즘은 다양한 주제의 책을 읽어주는데, 아이들은 매일 자기가 좋아하는 책을 골라오기도 한다. 그러면 얇은 책은 한번에 다 읽어주지만, 두꺼운 책은 중간까지만 읽고 "그 다음은 어떻게 될지 내일 읽어줄게" 하면서 다음 이야기에 대한 궁금증을 불러일으키고 상상력을 키우도록 유도하기도 한다. 이런 베갯머리 이야기_{Bed side story}는 무엇보다 아이의 언어발달에 도움을 준다. 한참 말을 배워 무언가 표현하려는 아이가 책에 나오는 무수한 단어들과 접촉함으로써 풍부한 어휘를 익힐 수 있게 되는 것이다.

또 이야기를 반복해서 듣는 동안 아이들은 삶의 이치나 죽음과 같은 추상적인 개념들도 자연스럽게 익히며, 여러 가지 감정적 경험으로 정서 또한 풍부해진다. 구약성서의 이야기를 들으며 수천 년의 역사를 거슬러 올라가 상상의 날개를 펼치고 그 과정에서 시간과 역사에 대한 감각을 익히기도 한다.

《5백년 명문가의 자녀교육》은 조선시대 명문가에 전해져오는 자녀교육을 소개한다. 그중 첫 번째로 꼽는 것이 풍산 류씨, 서애 류성룡 종가의 "책 읽는 아버지가 되라"이다. 이는 평생 책 읽는 아이로 만들기 위해서는 부모의 본보기가 중요하다는 것을 알려준다.

나 역시 아이에게 목이 아플 정도로 책을 읽어주고 책 읽는 모습을 보여주기 위해 의식적으로 노력했다. 다행히 책 읽기를 즐기는 아이로 성장해주었지만, 돌이켜 생각해보니 아이가 스스로 책을 읽기 시작하고부터는 책을 읽어주지 않았다. 아이 책보다는 내 책에 자꾸만 손이 갔기 때문이다.

물론 아이가 좋아할 만한 책들을 부지런히 사주거나 빌려다주긴 했지만, 아이와 같은 책을 보면서 아이의 느낌을 나누지는 못했다. 읽기독립에 치우쳐 읽은 후 여러 관점에서 생각하고 사고력을 키워줄 수 있는 읽기 후의 과정을 생략한 것이다. 가끔 아이와 함께 읽었던 책이 나오면 지금도 반갑다. 같이 읽으며 느꼈던 그때의 감정과 그때의 상황이 고스란히 떠오르기 때문이다.

다시 아이를 키운다면 적어도 열 살까지는 아이와 함께 책을 읽을 것이다. 같은 책을 읽으며 서로의 느낌을 나누고 서로의 생각을 알아가며 같은 공간과 시간을 공유할 것이다.

이제는 딸아이의 글 읽는 속도를 내가 따라가지 못한다. 어느새 아이는 훌쩍 자라 엄마를 기다려주고 있다. 부모가 아이에게 무언가를 해줄 수 있는 시간은 생각만큼 길지 않다.

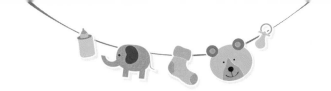

옛날이야기를
더 많이 해주리라

200년도 더 전인 1794년, 겨우 아홉 살 난 아이가 외과 수술을 받게 되었다. 당시는 파스퇴르가 의학계에 멸균의 중요성을 알리기 전이었고 항생제도 발견되지 않았을 때이다. 게다가 고통을 줄여주기 위한 마취제도 없었으니 수술을 앞둔 아이의 심정은 어땠을까?

아이에게 어떤 것도 해줄 수 없는 상황에서 아이의 부모는 하나의 이야기를 아이에게 들려주었다. 그 이야기가 얼마나 매혹적이었던지 나중에 아이는 수술이 하나도 아프지 않았다고 털어 놓았다.

18년 뒤에 소년은 수술대에서 들은 이야기를 출판하였는데 그 것이 바로 제이콥 그림Jacob Grimm의 《백설공주》다.

제이콥 그림의 일화는 우리에게 이야기가 지닌 치유의 힘을 말 해준다. 그는 수술대 위에서 재미있는 이야기를 듣고 거기에 빠 져듦으로써 자신이 수술을 받고 있다는 사실조차 잊어버릴 수 있 었다. 이처럼 이야기는 때때로 우리를 두려움과 공포에서 벗어나 게 하며 육체적인 고통을 덜어주기도 한다.

옛이야기 안에는 우리가 꼭 지켜야할 가치가 담겨 있다. 아이 들은 《단물 고개》를 통해 욕심이 지나쳐서는 안 된다는 것을, 《불 씨 지킨 새색시》를 통해 소중한 걸 지키려 하는 착한 마음을 배우 게 된다. 그런데 《흥부와 놀부》를 두고 흥부는 무능한 가장일 뿐 이고, 놀부야말로 경제관념이 투철한 능력자라고 말하는 사람도 있다. 하지만 아무리 돈이 중요하고 성공이 중요한 세상이라 하 더라도 우리가 놓쳐서는 안 될 것들이 있다. 동생을 내쫓고, 제비 다리를 부러뜨리고, 자기 이익만 생각하는 놀부를 두둔하는 것은 인간으로서 지켜야 할 가치를 스스로 포기하는 셈이다.

옛이야기 속 주인공은 대부분 약자다. 그렇지만 주인공은 어려 운 상황을 극복하고 마침내 행복한 결말을 맞이한다. 이처럼 위 기를 극복하고 복을 받는 과정을 보며 아이는 주인공과 자신을 동일시한다. 주인공의 성공에 카타르시스를 느끼며 한층 더 성장하는 것이다.

대부분의 옛이야기의 구성은 매우 단조로운 편이다. 권선징악, 인과응보의 구조를 벗어나지 않으므로 아이들이 쉽게 이해하고 재미있어 한다. 만 5~6세가 되면 스토리를 이해하는 능력이 높아지고 도덕성이 발달하여 선과 악의 개념을 이해하게 되므로 옛이야기를 읽어주기에 적기라 할 수 있다.

옛이야기에는 이 땅에 살고 있는 민중의 이야기가 집결되어 있다. 오랜 세월 구전되어 오는 동안 우리 민족의 정서는 물론이요 후손들을 향한 할머니, 할아버지들의 사랑이 담겨 있다. 따라서 단순한 이야기가 아닌 우리의 정서이고 사랑이므로 창작동화보다 우리의 옛이야기를 먼저 들려주는 것이 좋다.

많은 옛이야기 모음집을 펴낸 서정오 작가는 아이들은 이야기와 함께 자란다고 말한다. 이야기와 함께했을 때 비로소 아이들은 아이답게 자랄 수 있으며, 자유분방한 옛이야기는 아이들의 잠든 상상력을 일깨우고 그 상상력은 창조의 밑거름이 된다는 것이다.

심리학자 브루노 베텔하임Bruno Bettelheim 또한 《옛이야기의 매력》에서 모든 관점에서 볼 때 옛이야기만큼 어린이와 어른 모두에게 만족감을 주는 것은 없다고 말한다.

물론 옛이야기가 현대 사회에 필요한 삶의 태도에 대해 직접적인 가르침을 주지는 않는다. 그러나 어린이들이 읽는 어떤 유형의 이야기보다 인간의 내면 문제들에 대해 많은 가르침을 주기 때문에 아이들은 이를 바탕으로 자신이 처한 난관을 헤쳐나갈 지혜를 얻을 수 있다.

돌이켜보면 내가 어릴 때는 창작동화라는 장르가 없었다. 오로지 할머니, 할아버지, 부모님이 들려주는 옛이야기를 들으며 상상력을 키웠다. 그리고 전래동화, 명작그림책을 보며 살면서 익혀야 할 가치들을 습득했다.

내 아이도 "옛날, 옛적에"로 시작하는 이야기를 무척이나 좋아했다. 알고 있는 이야기가 바닥나 아이를 주인공으로 이야기를 만들기도 하고, 급하게 각색한 허접한 내용의 이야기를 들려줘도 언제나 흥미있어 한다.

지금은 모든 것이 풍족한 시대다. 아이의 호기심을 자극하는 멋진 그림 이야기책을 손쉽게 구할 수 있고, 부모의 수고를 덜어줄 오디오북도 넘쳐난다. 그럼에도 다시 아이를 키운다면 옛날이야기를 더 많이 해줄 것이다. 옛날이야기를 들으며 자란 아이는 주인공의 이야기에 공감하며 다른 사람을 배려할 줄 아는 아이로 자랄 거라 확신하기 때문이다.

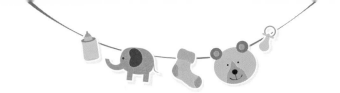

바깥세상을
더 많이 보여주리라

예전에 아빠와 아이가 함께 여행을 떠나는 〈아빠! 어디가?〉라는 TV프로그램이 있었다. 아이와 얼굴을 마주할 시간이 좀처럼 나지 않는 아빠 연예인들과 그들의 아이들이 우리나라 방방곡곡을 짧게나마 여행하면서 겪게 되는 에피소드가 주요 내용이다.

아빠들은 각자 자신만의 방식으로 밥을 해먹이고, 함께 시간을 보냈다. 하루를 마무리하는 저녁이면 잠자리를 챙겨주며 진심 어린 대화가 오고갔다. 서먹서먹하기만 했던 첫 여행이 횟수를 거듭하면서 아이의 정서적 허기를 채워주는 힐링 타임으로 바뀌어

가는 과정을 보며 많은 생각이 들었다.

대부분의 전문가들은 생후 15개월 정도면 뒤뚱거리며 걸음마를 시작하는데, 이때부터는 집에만 있기보다는 야외로 많이 데리고 다니기를 권한다. 대중교통도 이용해보고, 공원을 산책하는 것도 좋다. 사람이 많은 시장에 가거나 미술관이나 공연을 보는 것도 아이에게 훌륭한 교육이 된다. 이처럼 주변에서 일어날 수 있는 상황들을 여러 경로를 통해 다양하게 보여주는 것이 좋다.

딸아이는 친가와 외가가 지방에 있어 어릴 때부터 장거리 여행에 익숙하다. 4~5시간의 자동차 여행은 물론이고 비행기, 기차, 배까지 모든 교통수단을 섭렵해보았으니 또래아이들보다는 다양한 경험을 했다고 할 수 있다. 두 돌 전부터 중국을 시작으로 태국, 일본을 다녀오기도 했는데, 그런 장거리 여행이 가능했던 것은 다양한 여정 경험들이 쌓였기 때문이다. 내가 이렇게 아이가 매우 어릴 때부터 함께 여행을 다녔던 이유는 여행 경험이 얼마나 삶을 풍요롭게 하는지 알고 있기 때문이다.

아이가 초등학교에 입학한 후에는 교과서에 나오는 장소들을 중심으로 우리나라를 둘러보기 위해 애썼고, 3학년이 되었을 때는 아이에게 좀 더 큰 세상을 보여주고 싶어 해외 여행을 갔다. 광활한 자연 앞에서 저절로 고개가 숙여지는 그랜드 캐니언과 인디언들의 성지 모뉴먼트 밸리에서 만난 잊을 수 없는 일출, 인간의 위대함이 느껴지는 사막 위의 도시 라스베가스 등 지금도 그 순간 순간 느껴지던 감동과 행복감이 오롯이 남아있다.

겁 많고 소극적이던 아이는 미국 여행 후 조금씩 달라지기 시작했다. 아이가 6학년이 되었을 때는 아이와 유럽 배낭여행을 준비했다. 가능하면 아이가 원하는 장소, 하고 싶은 것으로 내용을 채워가며 아이의 의견을 적극 반영했다.

여행 중 항상 즐거운 일만 있지는 않았다. 하지만 즐거우면 즐거운 대로, 불편하면 문제를 해결하기 위한 방법을 찾았다. 낯선 환경에 서서히 익숙해지며 엄마보다 더 용감해지고 현명하게 문제를 척척 해결해나가는 딸아이가 무척 대견했다. 이처럼 여행은 어리게만 보이던 내 아이가 조금씩 성장하는 모습을 직접 볼 수 있는 기회라 할 수 있다.

다시 아이를 키운다면 여행을 할 때 내가 알고 있는 지식을 설명해주려 애쓰기보다는 스스로 느낄 수 있을 때까지 기다려 줄 것이다. 그러면 여행을 마치고 나서 마음의 키가 훌쩍 자라 있는 아이를 볼 수 있을 테니 말이다.

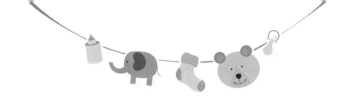

더 많이 들어주리라

부모라면 누구나 자신의 아이가 성공하길 원한다. 그렇다면 꼭 기억하라. 성공의 열쇠는 바로 '자녀들이 부모에게서 존중받는다는 느낌을 갖게 하는 것'이라는 것을. 부모에게 존중받는 아이만이 다른 사람을 진정으로 존중해 줄 수 있다.

존중받는다는 느낌은 사랑과 공감으로 아이의 말을 경청하는 데서 비롯된다. 대화의 기본은 상대방의 말에 귀 기울이는 것이다. 이것만 잘해도 아이의 마음을 반은 열 수 있다. 내가 하는 말을 누군가가 열심히 듣고 있다는 것만으로도 힘이 나고, 울적했던 기분이 풀리기도 한다. 또한 상대방이 별다른 조언을 하지 않더라도 얘기를 하면서 스스로 복잡했던 생각을 정리하고 해결책을 찾을 수도 있다. 경청한다는 것은 그저 상대방의 목소리만 가만히 듣고 있는 것이 아니다. 상대방의 입장에서 상대방을 이해하는 것이다.

경청은 다른 사람들과 소통하기 위한 기본 자세다. 이는 아이들과 대화할 때도 마찬가지다. 아이와 대화를 나눌 때, '내가 너의 이야기를 주의 깊게 듣고 있다.'는 리액션이 필요하다. 아이의 이야기를 들으며 고개를 끄덕이거나, 웃어야 할 타이밍에 적절하게 웃는 등의 행동은 아이의 마음을 열게 한다. 또 "정말 대단한 걸?", "슬펐겠구나.", "재밌었겠다." 등 감정이 이입된 감탄사를 자주 해주는 것도 좋다. 이러한 행동은 아이에게 부모가 자신의 말에 귀를 기울이고 공감하고 있다는 것을 느끼게 해 신뢰관계를 만들어준다. 건성으로 듣는 척하면 아이는 단박에 알아채고 엄마를 믿지 못하게 된다.

언젠가 〈영재발굴단〉이란 TV프로그램을 보며 경청의 중요성을 다시 한 번 깨달은 적이 있다. 화학을 사랑하는 8살 소년 희웅이의 이야기였다. 희웅이 부모님은 청각장애인이다. 자신들의 장애 때문에 희웅이가 부족하게 자란다는 생각을 하는 부부는 늘 고민이 많다. 그러나 부부의 걱정과 달리 이들은 1,000명 중 1명인 엄마, 2,000명 중 1명인 아빠일 정도로 훌륭한 부모라는 전문가의 평가를 받았다.

'온 마음을 다해 아이의 말을 경청하는 자세' 때문이었다. 귀가 잘 들리지 않는 까닭에 부모는 희웅이가 말을 할 때면 입모양을 집중해서 봤다. 희웅이는 자신이 알고 있는 것을 엄마에게도 알려주고 싶어서 어려운 화학에 대해 한 시간씩 붙들고 이야기를 했다. 그 시간 동안 엄마는 한 번도 흐트러짐 없이 집중해서 들어주었다. 희웅이는 부모가 자신을 전적으로 받아준다는 믿음 속에서 자신감을 가지고 자신이 좋아하는 일에 집중할 수 있었다. 희웅이 아빠는 아이가 책을 읽거나 그림을 그릴 때 말없이 곁에 앉아 아이에게 관심을 보여 주었다.

안타깝게도 대부분의 엄마는 늘 바쁘다. 아이가 뭔가에 집중하고 있으면 그 시간동안 내가 해야 할 일, 하고 싶은 일을 한다. 아이가 말을 건네면 미리 예측해서 말을 자르고 내 이야기를 하거나 다 아는 이야기라며 건성건성 듣고 습관적으로 대답한다.

다시 아이를 키운다면 아이가 나에게 뭔가를 이야기하고 싶어 할 때 하던 일을 멈추고 아이의 얼굴을 바라볼 것이다. 아이가 하는 말에 고개를 끄덕여주고 "그랬어?"라며 추임새도 넣어줄 것이다. 따뜻한 눈빛으로 아이의 말을 잘 들어주는 것만으로도 아이는 엄마에게 큰 선물을 받았다고 느낄 것이다.

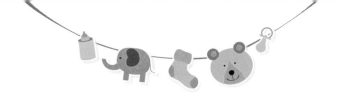

청소를 좀 덜하리라

리처드 템플러Richard Templar의 《부모잠언》에서는 "정리정돈보다 더 중요한 것이 있다"고 말한다. 아이를 키우다보면 책과 장난감, 흙과 먼지, 어수선함과 무질서가 뒤섞이기 마련이다. 이 문제를 해결하는 방법은 두 가지다. 첫 번째는 아이가 집을 어지럽히지 못하도록 필사적으로 막으며 스스로를 한계상황으로 몰아가는 것이다. 두 번째는 관대함과 냉철함, 느긋함과 여유로움으로 아이들이 아이답게 행동할 수 있도록 허락하는 것이다. 어느 쪽이 지혜로운 선택일까?

정신없이 어질러놓은 아이들에게 절대로 정리정돈을 시키면

안 된다는 의미가 아니다. 먼저 편안하게 놀게 한 뒤, 그 다음에 치우게 해야 한다는 말이다. 식탁이 손자국들로 뒤덮이거나 바지가 흙투성이가 되는 것은 그리 중요한 문제가 아니다. 그런 것들은 닦거나 빨면 다시 깨끗해진다. 진짜 문제는 아이들이 편안히 즐기지 못하는 데 있다.

고백하건데 나는 첫 번째 방법으로 살았다. 아이에게 물건을 사용하고 나면 바로 제자리에 정리하라고 가르쳤다. 그리고 다른 장난감이나 책을 갖고 놀려면 그전에 놀던 장난감이나 책은 제자리에 갖다 놓은 후 새로운 것을 갖고 놀라고 말했다. 그러나 정리정돈을 힘들어 하는 아이 때문에 결국은 내가 모든 뒷정리를 하게 되고 또 다시 정리를 강요하는 악순환에 빠졌다. 이 때문에 아이는 놀기 전부터 정리할 것을 걱정하며 아예 놀이를 포기하기도 했다.

원래 아이들은 장난감이나 책을 쌓아두고 놀잇감을 옮겨가며 그 속에서 자기 나름대로 상상의 세계를 만드는 것을 좋아한다. 이를 통해 확산적 사고와 연합 사고가 가능해져 두뇌발달에도 매우 도움이 된다.

소아정신과 전문의 서천석 선생님은 낮 시간엔 마음껏 어지럽히고 놀게 하다가 저녁 아홉 시쯤에 한 번 정리하기를 권한다. 부모로선 스트레스를 받을 수 있지만 이런 상황에 부모가 익숙해지는 것이 좋다. 자꾸 정리를 하려다보면 오히려 스트레스만 커지기 때문이다.

어릴 적부터 아이에게 청소하고 정리하는 습관을 중요하게 생각하는 독일인들도 놀 때는 마음껏 뛰어놀게 두지만 노는 시간이 끝나면 반드시 스스로 정리정돈하게 한다. 나무 블록을 상자에 담고, 인형집을 정리하고, 보던 책을 책꽂이에 꽂게 한다. 자신이 갖고 놀던 장난감을 제대로 치우지 않으면 부모가 유치원에 아이를 데리러 와도 집으로 돌려보내지 않는다고 한다.

다시 아이를 키운다면 아이다운 행동을 인정하고 느긋함과 여유로운 마음으로 청소를 덜 할 것이다. 집안이 지저분해지는 것에 마음 쓰기보다는 아이가 편안하고 즐겁게, 마음껏 놀 수 있는 환경을 우선 만들어주고 그 공간 안에서 한껏 상상의 나래를 펼칠 수 있도록 도와줄 것이다. 그리고 엄마 혼자 정리하며 투덜거리기보다는 아이에게 정리정돈하는 방법을 알려주고 습관으로 정착될 때까지 아이와 같이 정리하는 모습을 보여줄 것이다.

나를 좀 더 사랑하리라

행복의 기준은 사람마다 다르지만 행복한 사람들은 한 가지 공통적인 생각을 갖고 있다. 바로 '내 인생의 주인공은 나'라는 생각이다.

아이는 결코 부모가 바라는 대로 자라지 않는다. 혼자 걷기 시작하면서부터 엄마의 손길을 뿌리치며 먹는 것도, 입는 것도 스스로 해결하려고 한다. 엄마보다는 친구를 좋아하며 점점 엄마의 말을 참견이나 간섭으로 받아들인다. 그러면 '이제 내가 없어도 잘 살아가겠구나.' 하고 박수치며 환영해야 하건만 이제 내 손길이 필요하지 않은 것 같아 섭섭한 마음이 든다.

복고열풍을 타고 큰 인기를 끈 〈응답하라 1988〉이라는 드라마에서 남편과 아들 둘을 두고 친정에 가야 하는 엄마의 모습이 그려진 적이 있다. 하나부터 열까지 엄마의 손을 필요로 하는 식구들을 두고 엄마는 차마 발걸음이 떨어지지 않았다. 그에 비해 남겨진 가족들은 오랜만의 자유를 마음껏 누리며 엄마의 부재를 즐겼다. 일을 마치고 돌아온 엄마는 엄마가 없어도 별 탈 없이 잘 지낸 가족들에게 왠지 모를 서운함을 느꼈다. 내가 없어도 된다는 안도감과 함께 내 자리를 잃어버렸다는 허탈감이 그대로 전해졌다.

《엄마 수업》에서 법륜 스님은 자식은 자식대로의 인생을 살 뿐이라고 했다. 하지만 부모는 자식의 인생을 마치 내 인생인 양 의미를 부여하고 그런 생각으로 사랑을 쏟다 보니 자식이 내 마음 같지 않은 걸 보면 괴롭다고 했다.

자식은 부모 품에 평생 있지 않는다. 한 아이를 바르게 성장시켜 스스로의 삶에 주인이 될 수 있는 기틀을 만들어주면 부모는 그 역할을 다한 것이다. 언젠가 아이들이 자기 삶의 당당한 주인으로 우뚝 설 수 있을 때 부모 역시 마음으로 독립을 해야 한다. 이것이 부모도 행복해지고 자식도 행복해지는 방법이다.

이화자 선생님은 《엄마는 아이의 미래다》에서 "좋은 엄마에게서 행복한 아이가 태어나는 것이 아니라 행복한 엄마에게서 행복한 아이가 태어난다."고 말한다.

가장 좋은 인간관계는 서로 종속되는 것이 아니라 건강하게 적당한 거리를 두고 각자 성장하는 것이다. 부모 자녀 관계도 마찬가지다. 아이가 부모에게 의지하거나 부모가 아이에게 기대하는 것은 둘 다 건강한 관계가 아니다. 건강한 관계는 부모가 자신의 모든 것을 내어주고 희생하는 것이 아니라, 적당한 시기에 물질적·정신적으로 독립해 자신의 길을 가도록 도와주는 관계이다.

오늘부터 나를 아름답게 가꿔나가는 연습을 하자. 내가 나를 사랑하지 않는데 누가 나를 사랑해주겠는가? 내가 나도 사랑할 줄 모르는데 어떻게 남을 사랑할 수 있겠는가? 남에게 사랑받고 남을 사랑하는 출발점은 먼저 나 스스로를 사랑하는 것이다.

다시 아이를 키운다면 "아이는 99% 엄마의 노력으로 완성된다."는 말보다 "나는 아이보다 나를 더 사랑한다."는 말이 더 먼저임을 기억할 것이다. 스스로를 사랑하는 나의 뒷모습을 보고 아이역시 자신을 사랑하는 아이로 커 나갈 것이기 때문이다.

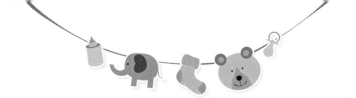

아빠에게 기회를 주리라

아빠의 자식 사랑 하면 가장 먼저 떠오르는 것이 '큰 가시고기'
와 '황제펭귄'이다.

큰가시고기는 산란 후 암컷이 죽으면 수컷이 알들을 정성껏 보
살피며 부화를 돕는다. 수컷은 알을 노리는 천적들에 맞서 싸우
고, 둥지에 깨끗한 물을 넣기 위해 계속 지느러미를 움직이며, 이
렇게 알들을 돌보느라 밥도 먹지 않고, 잠도 자지 않는다. 알들
이 하나둘씩 부화를 하고, 새끼들이 홀로서기를 할 수 있을 때까
지 열심히 새끼들을 보살피다 기력이 다한 아빠 큰가시고기는 둥
지 옆에서 죽음을 맞이하며 마지막에 자신의 몸마저 자식들의 먹

이로 내어놓는다.

아빠 황제펭귄은 알을 낳느라 아무것도 먹지 못해 약해진 엄마 펭귄을 대신해서 알을 발 위에 올려놓고 다리 사이로 품는다. 잘못해서 알을 바닥에 떨어뜨리면 얼어버리기 때문에 부화할 때까지 제대로 움직이지도 못한다. 아빠 펭귄은 영하 60℃의 혹한을 견디기 위해 다른 아빠 펭귄 무리와 함께 몸을 뭉쳐 추위를 이겨내며 엄마 펭귄을 기다린다.

이렇듯 한 생명이 태어나서 자라나기까지 엄마, 아빠의 각기 다른 보살핌이 있어야 하는 것은 인간이나 다른 동물이나 마찬가지이다.

남자와 여자는 오랜 세월을 진화해오며 각기 다른 방향으로 장점들을 쌓아왔다. 남자는 상대적으로 논리적이며 성취 지향적이다. 사냥을 할 때 정신을 집중해야만 했던 습성 때문이다. 반면 여자는 일직선이 아니라 통합적으로 사고하고 공감하는 능력이 상대적으로 강하다. 말도 모르고 의존도가 높은 갓난아기들의 요구 사항을 끊임없이 읽어내다 보니 복잡한 변수를 생각하게 되고 또 짐작하게 된 것이다.

이런 남녀 간의 차이는 아이와 놀 때에도 그대로 나타난다. 아빠들은 아이와 놀 때 신체를 많이 쓰고 즉흥적으로 놀면서 아이를 흥분시키고 호기심을 불러일으킨다. 반면 엄마들은 정적이고 차분하게 아이의 마음을 읽으면서 재미있게 놀아준다. 이와 같은 엄마와 아빠의 서로 다른 양육방식은 아이에게 모두 훌륭한 자극이 된다. 엄마만이 아니라 아빠와 함께 부대끼고 성장하는 아이는 사회성이나 인지력이 균형 있게 발달한다. 따라서 아이의 균형 있는 성장을 위해서라도 아빠들이 적극적으로 육아에 참여해야만 한다.

다행히 0~3세까지는 육아에 나 몰라라 했던 아빠들도 아이가 4세쯤 되면 아이 키우는 재미를 느끼기 시작한다. 남자들은 아이를 보살피는 것보다 함께 놀아주는 것을 좋아하기 때문에 아이가 어느 정도 자신과 의사소통이 가능해지면 훨씬 편하게 느끼기 때문이다. 아이 역시 엄마와는 다르게 놀아주는 아빠를 좋아한다.

활동량이 많아지고 첫 번째 사춘기가 온다는 3~7세의 아이는 엄마 혼자서 감당하기에는 너무 벅차다. 먹이고 입히는 등의 보살핌은 엄마 혼자도 충분하다. 그러나 아이의 행동에 관한 문제, 아이 성격 문제, 교육 문제 등은 아빠와 의논하면서 풀어가야 한다. 만약 아빠가 바빠서 아이와 놀아줄 시간을 내지 못한다면 엄마가 날마다 아이에게 있었던 일을 시시콜콜하게 이야기해서 아빠도 아이에게 무슨 일이 일어났는지 알게 하는 것이 좋다. 아이에 대해 부부가 의견을 나누는 동안 엄마는 보다 객관적인 시각을 갖게 되기 때문이다.

많은 아빠들이 아이와 어떻게 놀아줘야 할지 고민하는데, 의외로 놀이 방법은 간단하다. 《아빠의 놀이혁명》의 권오진 저자는 집에 들어와 아이를 한 번 들어 올리는 것, 업어주는 것, 서로 발바닥을 밀며 장난치는 것들이 모두 훌륭한 놀이가 될 수 있다고 말한다.

3·6·9법칙이란 것이 있다. 아이와 어울려 놀 수 있는 시기를 10년 정도로 봤을 때 아이의 성장 단계에 따라 노는 방식을 달리하는 것이 좋다는 것이다. 3세까지는 신체접촉이 많은 놀이를, 6세까지는 도구를 가지고 노는 놀이를, 9세까지는 바깥 체험을 많이 하라는 것이다.

아빠와의 신체놀이 경험은 아빠에게서 위엄과 권위를 느끼게 하는 동시에 유대감을 형성하게 한다. 엄마와는 달리 아빠는 흙구덩이에서 뒹굴며 옷을 더럽혀도 잔소리하지 않고 오히려 친구처럼 더 짓궂게 장난을 친다. 때론 남자 특유의 경쟁심이 발동해 아이들의 공을 뺏으며 놀기도 한다. 이런 자극은 아이에게 도전의식을 심어주고, 건전한 경쟁을 통해 성취감을 느끼게 해준다. 엄마와의 놀이에서는 발견하기 힘든 부분들이다.

여자는 10개월을 뱃속에 아이를 품으며 서서히 엄마가 되어가는 연습을 한다. 반면에 아빠는 주로 바깥에서 일을 하기 때문에 아이 양육에 서툴기 마련이다. 그러나 아이에게 꼭 필요한 아빠만의 역할이 있다. 아무리 엄마가 지극정성으로 아이를 키운다 하더라도 아빠의 역할을 대신할 수는 없다. 다시 아이를 키운다면 남편을 믿고 아이가 아빠와 함께할 수 있는 시간을 더 많이 만들어줄 것이다.

에필로그

그럼에도 불구하고 엄마의 행복이 먼저다

"행복한 엄마가 행복한 아이를 만든다."는 말은 더 이상 낯선 말이 아니다. 그런데 행복한 엄마란 어떤 엄마를 말하는 것일까? 아마도 일상에서 자신만의 시간과 공간을 가지고 있는 엄마일지 모른다.

엄마가 되고부터는 내가 좀 불편하더라도 아이가 행복하면 그만이라고 믿었다. 아이의 행복이 곧 엄마의 행복이라고 믿었기 때문이다. 돌이켜보니 아이가 유치원 6세 반에 들어가기 전까지 모든 스케줄을 아이에게 맞춰 생활했다. 그 시기에 내가 읽은 책은 모두 '육아'에 관한 것이었다. '어떻게 하면 아이를 제대로 키울 수 있을까'를 고민하고, 육아서가 제시한 방법을 적용해보며 하루를 보냈다. 아이에게 완전히 몰입하며 지냈던 것이다.

그러다가 모든 걸 엄마에게 의지했던 아이가 조금씩 스스로의 힘으로 하는 일이 늘었다. 엄마가 아니면 안 될 것만 같던 아이가 서서히 또래 친구들과의 놀이에서 더 큰 행복감을 느끼게 되었다. 이렇게 아이는 유치원에서 새로운 친구들과 세상을 마주할 준비를 했고, 나 역시 세상으로 다시 나갈 준비를 했다. 이후 각자의 자리에서 주어진 생활에 최선을 다했다.

사춘기에 접어들자 아이는 엄마의 이야기를 잔소리로 듣기 시작했다. 부모로부터 독립해 살아가야 할 연습을 할 때가 된 것이다. 시간이 좀 더 흘러 연습을 마치고 나면 아이는 부모의 품을 떠날 것이다. 아이가 부모의 품을 떠날 연습을 하듯, 나 역시 아이의 독립을 기쁜 마음으로 축하해 주기 위해 마음의 준비를 할 것이다.

물론 아이가 다 크고 나서도 오로지 아이만 바라보는 것이 행복할 수도 있다. 괜찮다. 모든 아이가 다르게 태어나 듯 모든 엄마 역시 다르기 때문이다. 다만, 그 행복의 기준을 다른 사람과의 비교가 아니라 어제보다 더 나은 내가 되는 것으로 삼으면 된다.

미국 하버드 대학의 니콜라스 크리스타키스Nicholas Christakis 교수와 캘리포니아대 제임스 파울러James Fowler 교수가 1974년부터 2003년까지 21~70세의 성인 5,124명을 대상으로 조사한 연구에 따르면 대인관계에 있어 지리적 근접성은 행복감에 큰 영향을 미친다고 한다. 두 교수는 "행복과 불행은 사회적 네트워크를 통해 쉽게 전달된다."고 주장한다. 그리고 "주위에 행복한 가족이나 친구를 두면 자신도 행복해질 가능성이 무려 42% 정도 상승한다."고 결론 내렸다. 한마디로 행복은 감기처럼 옮는다는 것이다. 따라서 행복하고 싶으면 불행한 사람보다는 행복한 사람을 곁에 두어야 한다.

이에 비추어볼 때 육아에서 엄마의 행복이 가장 중요하다고 말하는 것은 어찌보면 당연하다. 아이가 배우는 것의 90%가 바로 엄마에게서 비롯되기 때문이다. 내 행복에 내 아이의 행복까지 달려있는 셈이다.

육아는 분명 힘들다. 이만큼 하면 끝이 날 것도 같은데 언제나 진행형이다. 아낌없이 주는데도 항상 부족하고 늘 아이 때문에 힘들다. 그러면서도 그 아이 때문에 행복하다. 늘 엄마인 나만 주는 건가 싶다가도 뒤돌아보면 아이가 더 많은 것을 나에게 주고 있다는 것을 깨닫기 때문이다.

앞서 요리법에 대해 이야기를 했었다. 그렇다. 똑 같은 요리법을 이용하더라도 누가 요리하느냐에 따라, 누가 먹느냐에 따라 다른 맛이 난다. 요리에 사용되는 재료도, 맛을 평가하는 기준도 조금씩 다르기 때문이다. 그럼에도 요리법이 중요한 것은 기본은 변하지 않기 때문이다. 그렇다고 절대적이지도 않다. 내 상황에 맞추어 비슷한 맛을 만들어 낼 수도 있기 때문이다.

마찬가지로 이 책에서 제시하는 언니의 육아법을 따르다가 나와 상황이 다르거나, 익숙해지면 자신만의 육아법을 만들어가길 바란다. 그 육아법은 또 다른 초보엄마들에게 든든한 지원군이 되어줄 것이다.

이제 더 이상 육아가 고행이 아닌 행복으로 자리하길 기대해본다.

참고문헌

《아동심리학》, 김경희, 박영사

《아동발달의 이론》, 정옥분, 학지사

《유아발달》, 유효순 외, 창지사

《우리아이 영재로 키우는 엄마표 뇌교육》, 서유헌, 동아M&B

《내아이를 위한 감정코칭》, 존가트만, 한국경제신문

《스펙보다 중요한 내아이의 자존감》, 이무석, 이인수공저, 덴스토리

《자존감 교육》, 이명경, 북아이콘

《유치원 다닐 때 꼭 알아야할 65》, 중앙대학교 부속유치원, 애플비

《아이는 유치원에서 세상을 배운다》, 박상미, 예담

《2015초등학교 1학년 엄마교과서》, 김진아, 알레그레토

《첫 아이 초등학교 보내기》, 베스트 베이비 편집부, BBBooks

《현명한 부모는 초등1학년 시작부터 다르다》, 강백향, 꿈틀

《열 살 전에 사람됨을 가르쳐라》, 문용림, 갤리온

《하루15분, 그림책 읽어주기의 힘》, 김영훈, 라이온북스

《조급한 부모가 아이 뇌를 망친다》, 신성욱, 어크로스

《뚝딱! 엄마랑 한글떼기 책이랑 친구되기》, 강진아, 푸른육아

《아이 심리백과》, 신의진, 걷는나무

《잘못된 치아관리가 내 몸을 망친다》, 윤종일, 스타리치북스

《회복탄력성》, 김주환, 위즈덤하우스

《EBS 부모》, EBS부모제작팀, 경향미디어

《나와 우리 아이를 살리는 회복탄력성》, 최성애, 해냄

《책 읽는 뇌》, 메리언 울프, 살림출판사

《심리학의 원리》, 윌리엄 제임스, 부글북스

《스키너의 심리상자 열기》, 로렌 슬레이터, 에코의서재

《5백년 명문가의 자녀교육》, 최효찬, 예담

《옛이야기의 매력》, 브루노 베텔하임, 시공주니어

《부모 잠언》, 리처드 템플러, 세종서적

《엄마수업》, 법륜, 휴

《엄마는 아이의 미래다》, 이화자, 청조사

《아이에게 권력을》, 요헨 메츠거, 서울문화사

《영혼이 강한 아이로 키워라》, 조선미, 쌤앤파커스

《하루 15분 책읽어주기의 힘》, 짐 트렐리즈, 북라인

《습관의 힘》, 찰스 두히그, 갤리온

《아이의 자기조절력》, 이시형, 지식채널

《영어독서가 기적을 만든다》, 최영원, 위즈덤트리

《엄마생활백서》, 장세희, 경향에듀

《한글떼기, 빨리할 필요가 없다》, 이경선, 맘&앙팡

《내 아이의 첫 악기》, 남현욱, 베스트 베이비

《현명한 부모들이 꼭 알아야 할 대화법》, 신의진, 랜덤하우스

《아이의 사생활》, EBS 제작팀, 지식채널